아스타잔틴의 모든 것

Astaxanthin *a to z*

아스타잔틴의 모든 것

Astaxanthin *a to z*

초판 1쇄 인쇄 2023년 4월 12일
초판 1쇄 발행 2023년 4월 19일

지 은 이 김인선, 신현웅
펴 낸 이 신일희
펴 낸 곳 계명대학교 출판부
출판등록 제347-1998-1호(1970. 9. 1)
주 소 대구광역시 달서구 달구벌대로 1095
대표전화 053-580-6233
팩 스 053-580-6235
홈페이지 www.kmupress.com

ISBN 979-11-6516-183-5 03470 정가 16,000원

아스타잔틴의 모든 것

Astaxanthin *a to z*

김인선·신현웅

계명대학교 출판부

목 차 Contents

03

헤마토코쿠스 플루비알리스
Haematococcus pluvialis

04

아스타잔틴 효능

05

연구개발 및 관련 산업 현황

책 머리글 Prologue

인류는 2020년 초부터 세계적으로 확산하던 COVID-19 코로나19를 겪으며 pandemic 팬데믹이란 금세기 초유의 상황을 맞닥뜨리고 있다. 2~3년 지난 지금은 모두가 두려워하던 이 바이러스성 질병도 백신과 치료제 개발, 그리고 몇 차례에 걸친 접종으로 다소 한시름 놓는 듯한 상황이 오는 것 같다. 혹 이들이 감기나 독감처럼 일상의 증상으로 여기는 상황까지 가는 것은 아닌가 하는 생각이 들기도 하였다. 하지만 속단은 금물! 얼마 전부터 또 다른 변이체가 나타나 재확산이 언급되고 있고, 완전히 다른 monkey pox 바이러스가 나타나 다시 긴장의 끈을 놓을 수 없게 만들고 있다. 이런 어려운 시기를 우리는 어떻게 대처하며 헤쳐나가야 할까? 또는 그에 대한 해결책이나 답이 있기는 한 것일까? 질병에 걸리지 않기 위해 혹은 걸렸다 하더라도 빠른 회복이나 재감염을 피하고자 할 때 우리가 할 수 있는 방법은 과연 무엇일까? 등등 끝없는 질문을 던져본다.

21C 들어 생활 수준의 향상과 건강에 대한 인식의 변화로 많은 사람이 건강을 위해 특수기능의 천연물질을 찾고 있다. 이런 흐름에 힘입어 기능성 천연물질들이 꾸준히 건강기능식품으로 개발되면서 상용화되고 있다. 이들의 주된 목적은 의약품과 달리, 인체의 정상 기능 유지나 생리 기능의 활성화를 통한 건강 유지 및 개선이다. 각종 병원체의 위협을 받는 요즘은 특히 면역력과 항산화 기능 관련 천연성분들이 크게 주목을 받는다. 더불어 스트레스와 피로, 장시간 스마트 폰 및 디지털 기기 사용으로 현대인들은 피부와 눈 건강에도 큰 관심을 둔다. 이에 스마트 눈 건강에 효과 있는 성분으로 식약처 인정받은 루테인, 지아잔틴, 아스타잔틴 등은 눈 건강의 기능성이 입증된 천연물질로 중요한 상업화 대상이다. 그중 카로티노이드 계열의 대표적 항산화 천연물질인 고가의 아스타잔틴은 미세조류/*Haemaococcus* 헤마토코쿠스에 풍부하게 함유되어 있다. 아스타잔틴은 유해 물질 제거와 혈관 보호로 눈의 피로도 개선 등에서 뛰어난 효능이 과학적으로 입증되고 있어 큰 인기를 끌고 있다.

최고의 항산화력으로 일명 '차세대 항산화물질'이라고까지 불리는 아스타잔틴이 더 궁금해지기 시작하는 이유는 무엇일까? 아마도 이들이 지닌 아직도 우리가 모르는 그 무엇인가가 있어 그러지 않을까 하는 생각이 든다. 지금부터 아스타잔틴에 관련한 일반적인 것에서 심화한 정보에 이르기까지 그 면면을 알아보고자 한다. '아스타잔틴의 모든 것'은 4차 산업혁명의 한 중심에 있는 21C 디지털 과학 세상에 사는 우리에게 건강 유지에 좋은 영향을 주는 유익한 정보와 지식을 담고 있다. 흥미로운 최신의 정보도 담고 있어 현대인의 건강 지킴이 역할을 충실히 해내는 시대 부응형 테마가 될 것이다.

ABSTRACT

항산화제는 인체에서 활성산소로 인해 생기는 다양한 이상 증상에 대처하는 대표적 유용물질! 그중 자연에서 얻는 아스타잔틴은 가장 강력한 항산화 작용으로 우리 몸에 건강을 더하는 최고의 항산화물질로 알려져 있다. 탁월한 효능으로 주목받고 있는 천연성분의 아스타잔틴에 대해서는 지금까지 끊임없는 연구가 계속 이어지고 있다. 이러한 아스타잔틴을 가장 많이 함유하는 생물은 수생의 미세조류인 *Haematococcus pluvials*/이하, 헤마토코쿠스 헤마토코쿠스 플루비알리스!

헤마토코쿠스는 생장 초기엔 10~20㎛ 크기의 단세포 편모성 녹조류로 활동성이 있으며, 햇빛/온도/양분결핍/염분농도/pH.. 환경 조건과 life cycle 생활사에 따라 세포의 변화가 크게 일어난다. 특히, 생장에 불리한 환경에 노출되면 세포의 내부구조를 보호하기 위해 강력한 항산화물질인 적색의 아스타잔틴을 높은 함량으로 생성한다. 생장하며 편모가 소실되면 움직임을 멈추고, 후기에는 50~60㎛ 크기로 cyst 내생포자를 형성하거나 역으로 생장 초기 상태/refreshment 재생의 과정을 간다.

추출이 가능한 아스타잔틴은 이성질체 중 3S, 3S' 형태가 생리활성이 우수하고, 그 활성은 비타민C의 6,000배, 비타민E의 500~550배, 베타카로틴보다 38~40배 높아 차세대 항산화제로 주목받고 있다. 다른 항산화물질에 비해 독특한 분자 구조로 고유의 특성을 갖는데, 항산화 기능에서 산화 촉진제로 작용하지 않아 매우 빠른 자유기 무력화 → 산화방지제 효과↑↑ 보인다. 특히, 세포 안팎의 친수성과 지용성 부분에 걸쳐 세포막을 가로지르며 위치하여 세포를 손상 요인으로부터 보호해준다.

일상에서는 노화/스트레스/음주/흡연/운동 부족/과식.. 여러 이유로 활성산소가 필요 이상 만들어져 세포를 공격하면 몸에는 만성피로/염증/알레르기.. 정상에서 벗어난 증상들이 나타난다. 이때 아스타잔틴은 건강을 위협하는 요인들로부터 활성산소 제거, 과산화 지질생성억제 등 세포 유지에 중요한 역할을 하며 영향력을 발휘한다. 특히, 눈과 피부 건강 등에 눈에 띄는 개선 효과가 있는 강력한 항산화 성분으로 밝혀져 있다. 여러 면에서 인체를 지켜주는 보호막이 될 수 있어 우리 삶에 좋은 영향을 주는 유익한 물질로 여겨진다.

국내·외에서 주목을 받는 아스타잔틴에 대해선 헤마토코쿠스 배양 및 대량 생산, 산업화 등 끊임없는 연구와 개발이 진행되고 있다. 지속적인 관심과 투자로 이어지면 미래사회에서 크게 떠오르는 산업 분야가 될 것이다. 그날을 기대하며, 우리는 이들에 대한 지식을 넓혀가며, 인체 항상성 유지 및 건강에 활력을 주는 유용한 천연의 성분을 잘 활용하는 길을 찾는 것이 좋을 듯하다!

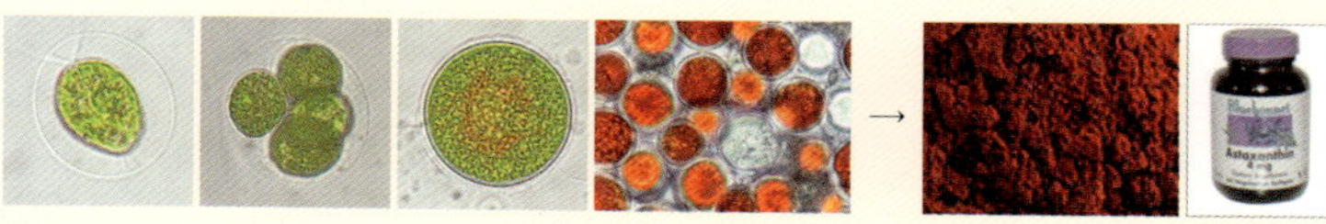

01

인체와 건강

항상성 유지

—

활성산소와 노화

—

항산화제

Chapter 01

인체와 건강

21C 현대인들의 가장 큰 관심사는 건강! 동서양은 물론 남녀 노소를 불문하고 모두 몸 건강에 신경 쓰고 주의를 기울인다. 많은 이가 건강의 필수요소인 인체 항상성과 균형 있는 삶을 무엇보다도 중요하게 생각한다는 이야기! 급변하는 스마트디지털 세상에서 사람들의 건강 관련 지식은 하루가 다르게 확장되며 전문화되고 있다. 건강 수명과 기대수명이 같아지도록 인체의 항상성이 유지되는 삶의 질에 주목해 유용한 정보 및 지식을 쌓아가는 적극성을 보인다. 건강할 때 몸을 점검하고 능동적으로 대비하는 것이 가장 좋은 방법이다.

현재 우리나라 사람들의 평균수명은 83.5세로 장수국가에 속하나 건강 수명은 70세도 안 되어 15~19년 큰 차이가 있음을 알 수 있다. 최첨단 의료기술의 발전에도 사람들은 여러 질병으로 고생하며 건강을 잃으면 모든 걸 잃을 수 있음을 새삼 느끼게 된다.

항상성 유지-신체 균형-건강함은 '건강의 삼총사'로 서로 떼려야 뗄 수 없는 관계에 있다. 그 어느 때보다도 인체 건강과 관련된 이슈들이 사회적으로 큰 주목을 받는다. 이를 반영하듯 매체에서 연일 다루는 주제 중의 하나도 건강이다!

우리가 직면하는 많은 건강상의 문제는 잘못된 생활 습관에서 비롯된다는 말을 자주 듣는다. 인체는 각종 화학물질, 환경오염, 영양 불균형, 스트레스 등에 노출되어 있어 그로 인한 건강상 문제도 큰 부분을 차지하는 것으로 알려져 있다. 실제 세균/바이러스/곰팡이/기생충.. 병원체 감염에 의한 경우는 4%에도 훨씬 미치지 못한다고 한다. 생명력을 약화하는 주범으로는 과도한 스트레스, 건강치 못한 식생활, 흡연, 음주, 과로 등을 꼽을 수 있다. 일상에서 합리적인 섭생, 적절한 식사, 그릇된 생활 습관과 환경 조건 개선, 적당한 운동과 휴식을 취해 건강을 부르는 합당한 행동의 실천이 필요한 때이다.

우리 몸 기능을 최고의 상태로 갖게 하려면 신체 내외의 환경 변화에 귀를 기울이고, 그에 대응하는 적극적인 방법을 찾아야 한다. 무엇이 우리 몸을 그런 상태에 이르도록 할 수 있을까? 곰곰이 생각해보니 답은 바로 자신의 면역력을 높여 좋지 않은 여건도 잘 이겨낼 수 있는 상태를 유지하는 길이다. 건강에 핵심인 인체의 항상성 유지가 무엇보다도 중요하게 다가온다. 질병, 스트레스 등 각종 위협 요소로부터 몸을 보호하고 유지하도록 평소 대비하는 습관이 필요하다. 일상에서 어렵지 않게 할 수 있는 건강한 식단/규칙적인 운동/충분한 수면/명상.. 건강관리나 능동적으로 생리활성 기능이 있는 비타민/인삼제품/영양제/항산화제.. 성분을 섭취하는 방법도 있다.

21C 들어 생활 수준의 향상과 건강에 대한 인식의 변화로 많은 사람이 건강을 위해 특수기능을 갖는 천연의 물질을 찾고 있다. 이런 흐름에 힘입어 기능성 천연물질들이 꾸준히 건강기능식품으로 개발되면서 상용화되고 있다. 이들의 주된 목적은 의약품과 달리, 인체의 정상 기능 유지나 생리 기능의 활성화를 통한 건강 유지 및 개선이다. 각종 병원체의 위협을 받는 요즘은 특히 면역력과 항산화 기능 관련 천연성분들이 크게 주목을 받는다. 이와 함께 최근에는 스트레스와 피로, 장시간 스마트 디지털 기기 사용으로 현대인들은 피부와 눈 건강에 대해서도 큰 관심을 둔다. 특히 최근 이목을 끄는 것은 스마트 눈 건강에 효과 있는 성분으로 식약처로부터 인정받은 루테인, 지아잔틴, 아스타잔틴 등은 눈 건강 기능성이 입증된 핫한 원료이다. 그중 카로티노이드 계열의 대표적 항산화 천연물질인 붉은색 아스타잔틴은 미세조류/*Haemaococcus pluvialis*/이하, 헤마토코쿠스 헤마토코쿠스 플루비알리스에 풍부하게 함유되어 있다.

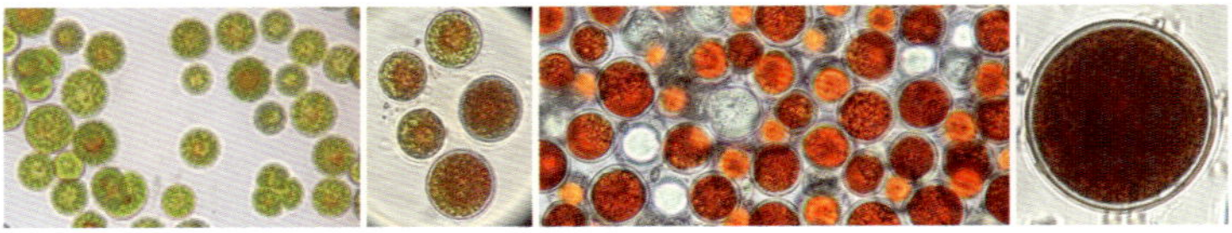

그림 1. 헤마토코쿠스 플루비알리스

항상성 유지

• 세포에 대하여

인체는 배 발생 배아 줄기세포로부터 발생한 후 분화를 거치며 다양한 종류로 특수 분화된 세포들로 구성되어 있다. 사람의 몸은 적어도 260여 종류, 약 37조 3천만 개의 cell 세포로 구성된 유기체로 공통적인 구조와 기능의 세포들이 모여 tissue 조직 → organ 기관 → 기관계 형성 → 상호 협력 → 고유의 기능을 수행한다. 특히, 생명체의 기본 단위인 세포는 세포질에 다양한 cellular organelles 소기관을 가지고 있으며, 이들은 세포 내에서 특유의 기능을 수행한다. 세포의 주성분은 물, 탄수화물, 단백질, 지질 등으로 생명현상 유지에는 DNA/RNA 유전물질, 유기/무기화합물, 세포소기관 등이 필수적이다.

세포는 풍부한 지질과 다양한 기능을 수행하는 단백질로 된

인지질이중층의 cell membrane/원형질막 세포막으로 둘러싸여 외부와 유연성 있는 경계를 형성한다. 이때 지질분자들은 막의 기본 구조를 제공하고, 지질층에 삽입된 단백질 분자들은 생체막의 기능에 중요한 역할을 한다. 인지질이중층의 분자들은 생체막의 주성분으로 막의 역할 수행에 매우 적합한 구조적 특징을 지닌다. 두 부분으로 이루어진 인지질은 인산기로 된 head 머리에 2개의 지방산이 부착된 tail 꼬리 구조로 머리는 hydrophilic/물과 친한 친수성, 꼬리는 hydrophobic/물을 싫어하는 소수성이다. 이들은 수분이 있으면 자발적으로 인지질이중층을 형성해 친수성 머리 부분은 세포 안팎의 수용성 환경에 노출된다. 반면, 소수성 꼬리 부분은 물에서 멀어지도록 안쪽으로 모여 서로 마주 보는 배열을 하게 된다.

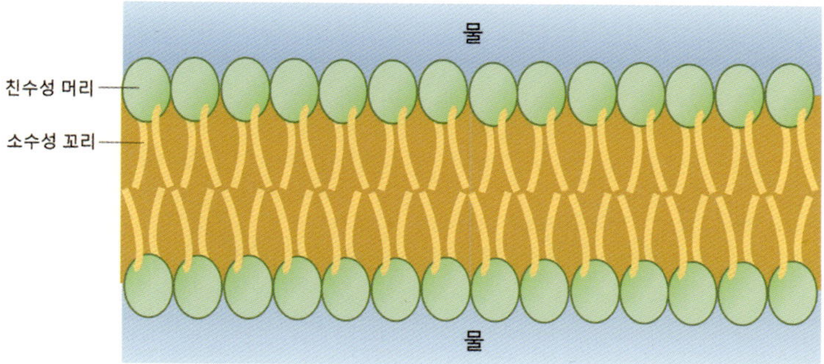

그림 2. 막의 주성분: 인지질의 구조

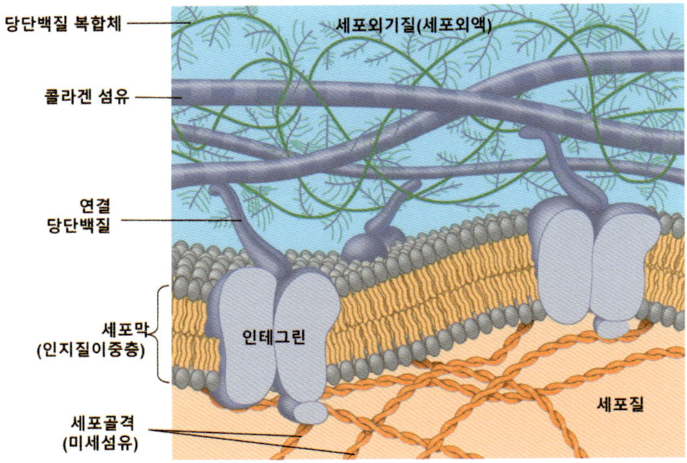

그림 3. 인지질이중층+단백질의 세포막과 접한 세포외기질

출처 : TAYLOR et al. 2011. 캠벨 생명과학(개념과 현상의 이해, 제7판). p. 61

이런 독특한 구조를 형성하는 세포 표면의 세포막은 살아있는 세포의 경계로 물질을 세포 내외로의 수송 및 외부자극에 반응하는데, 세포막을 통한 물질교환은 세포의 크기에 영향을 미친다. 또한, 세포 내 핵/미토콘드리아/엽록체/소포체/골지체/리소솜.. 소기관들도 세포처럼 지질과 기능 수행에 적합한 단백질로 구성된 막으로 둘러싸여 있어, 이들 내부 막 구조가 세포를 구역으로 나눌 수 있게 한다. 일반적으로 세포의 물질대사 활동은 대부분 세포소기관에서 일어난다고 할 수 있다.

고등동물의 세포들은 물, 탄수화물, 지질 그리고 콜라겐/엘라스틴/

인테그린.. 단백질 섬유로 이루어진 extracellular matrix/세포외액 세포외기질에 둘러싸여 있다. 세포외기질은 정교한 구조물로 조직 내 세포들이 같이 있게 연결하거나 조절하는 기능을 갖고, 특히 세포막을 지지하는 기능은 매우 중요한 작용이다. 주성분은 당단백질로 가장 풍부한 세포 외부에서 튼튼한 섬유를 형성하는 collagen/인체 단백질의 40% 콜라겐이다. 세포외기질은 막단백질의 일종인 integrin 인테그린에 결합하는 또 다른 당단백질을 통해 세포에 결합한다. 인테그린은 막을 관통하며, 단백질의 한쪽이 세포골격의 미세섬유와 연결하고 있는 단백질에 결합한다. 이들은 통합기능이 있어 세포외기질과 세포골격 간에 신호를 전달한다. 또한, 동물의 조직에서 인접한 세포들은 세포 간의 독특한 연접으로 서로 부착되어 상호작용하며 정보를 전달한다. 알려진 바에 의하면 대개의 정상 세포들은 세포외기질에서 분리되면 죽거나 분열 능력을 잃어버리지만, 놀랍게도 암세포들은 세포외기질과 분리되어도 예외로 세포분열을 계속할 수 있다고 한다. 이들은 세포외기질 구성 섬유를 분해하는 효소 분비 → 주변 조직 침투↑ → 암세포 전이/확산 가능성이 커지게 한다.

인간을 비롯한 모든 생명체는 세포로 구성되어 있다는 공통적인 특징을 지닌다. 이들 세포는 모두 막으로 둘러싸여 있어 인접한 주위 환경과 색다른 내부 고유의 독특한 상태를 유지할 수 있다. 세포막의 보호 및 지지로 세포 내에서 생성되는 여러 화합물은 다른 형태로 전환되는 등 역동적인 물질대사가 일어난다. 이때 생성된 에너지는 인체를 구성하는 다양한 세포, 조직, 기관 등의 기능 수행, 몸의 균형 및 항상성 유지 등에 사용되며 생명현상을 이어나간다.

• 항상성이란 무엇인가?

Homeostasis 항상성이란 생명체가 주위의 여러 내부/외부의 자극 변화에 반응하여 생체 내 세포/조직/기관/개체 다양한 수준에서 일정한 상태를 이어가려는 성질을 말한다. 이때 언급되는 항상성 유지는 변화로 야기된 불균형의 상태를 생명체 원래 수준으로 회복시켜 최적화로 유지하는 것이다. 우리 몸도 예외는 아니어서 인체 내 체온/혈액/수분/혈당/pH/호르몬.. 생명현상 대부분이 이와 연관되어 있다. 생명체 내 모든 대사의 균형, 즉 항상성은 내부 환경을 일정하게 유지하려는 피드백/feedback 자동조절시스템에 의해 가능하므로 생명과 건강을 지속해서 이어나갈 수 있는 것이다.

하지만 알고도 모를 것이 바로 인체! 이는 인체의 신비함을 빗대는 말로 항상성 관련 이야기를 시작하기에 앞서 전하고 싶은 화두이다. 그렇다, 인체는 신비로운 유기체로 크게 감지할 수 있는 변화에서부터 느낄 수는 없지만, 미시적으로 일어나는 극도로 미세한 수준에 이르기까지 모든 게 동시에 역동적으로 움직인다. 생활 속에서 거의 매일 피부로 느낄 수 있는 정도로 경험하는 가까이에 있는 일상의 예를 들어보자. 우리 몸에서 '건강과 항상성 유지'하면 제일 먼저 떠 오르는 가장 가까이에 있는 중요한 신체 조직은 무엇일까? 라고 물어온다면 서슴지 않고 혈액이라고 말할 것 같다. Paper cut 종이에 살짝만 스치거나 베어도 스며 나오는 핏방울은 손상된 혈관으로 순환하던 혈액 조직이 흘러나온 증거물이다. 다음에서는 인체의 건강을 지키는 황금열쇠라 불리는 이들 혈액과 관련된 내용을 잠시 알아보자. 참고: 자연과 치유/김인선/2016

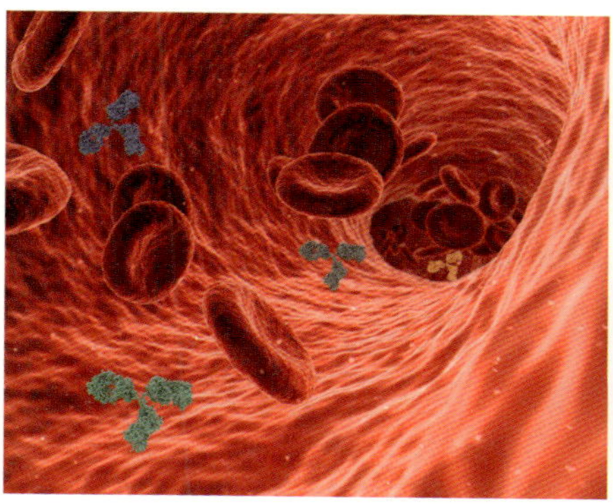

그림 4. 혈액 내 혈구 세포들

출처: 우- https://ko.wikipedia.org/wiki/%EC%9D%BC%EB%B0%98_%ED%98%88%EC%95%A1_%EA%B2%80%EC%82%AC

▶ 혈액

혈액은 거의 중성에 가까운 pH 7.4 정도의 아주 약한 알칼리성으로 적혈구/백혈구/혈소판 혈구 세포와 액체 성분의 혈장으로 구성되어 있다. 이들은 혈액 내에서 철저한 분업화로 적혈구는 산소운반, 백혈구는 체내에 침입한 이물질/병원체 제거, 혈소판은 혈액의 응고, 혈장은 물질 운송을 담당한다. 건강한 혈액에서는 대식세포와 림프구/과립구/단구 백혈구 등이 혈액을 타고 순환하면서 인체의 주요 면역기능을 담당한다. 이들의 역할이 각각 다르고 각각은 본연의 기능을 충실히 수행하기에 우리 몸은 항상성을 유지할 수 있다. 특히 인체 면역력과 직접 연관된 백혈구는 병원체와 질병 퇴치에 절대적인 요소로 작용한다. 백혈구는 세균과 체내 노폐물을 청소하는 역할을 하는데, 1개 백혈구 세포 → 세균 14개 정도를 격퇴할 수 있다고 한다.

정상에서 벗어나 백혈구의 활동이 저하되면 세균이나 바이러스 침입 시, 이에 적절히 대응치 못해 혈액은 점차 탁해지게 된다. 인체를 암이나 질병으로부터 보호하는 최고의 방법은 깨끗한 혈액을 유지하는 것으로 과식/영양과다.. 혈액이 탁해지면 백혈구 활동은 저하된다. 몸은 혈액이 운반하는 열이나 영양분에 의해서 정상적으로 작동한다. 참고로 과식 후 노곤해지며 잠이 오는 것은 음식물 소화를 위해 몸이 최대로 위를 작동시켜 전신 순환으로 뇌로 가야 할 혈액이 위로 몰리기 때문이다.

▶ 적혈구

적혈구는 O_2 운반 → 몸이 필요로 하는 O_2를 적절히 공급하나, 그 수와 양은 개인차가 있음은 물론 인체의 운동과 활동량에 따라 각기 다르다. 이들은 작은 디스크 형태의 7~8㎛ 크기 혈액세포로 중심부위가 바깥 부위보다 더 얇은데, 이 형태는 O_2 운반 기능과 관련이 있다. 특히, 세포 내에는 핵과 미토콘드리아가 없고, 그 수명은 대략 120일 정도이다. 각 적혈구에는 2.8억개 hemoglobin/Hb 헤모글로빈이 함유되어 있어 혈액 특유의 붉은 색을 띤다. 적혈구 용적은 남자 45~52%, 여자 37~48%, Hb은 남자 13~18g/dℓ, 여자 12~16g/dℓ이고, 혈액 1㎣ 당 4.2~5.9백만 개가 분포하는 것으로 알려져 있다. 빈혈의 주요 원인은 철분 부족이며, Hb 수치나 적혈구 수가 적으면 빈혈이 유발된다. Hb 기준 성인 남자는 약 13g/dℓ, 여자는 12g/dℓ 이하일 때 빈혈 증상이 나타난다.

▶ 림프구

腸 장에는 림프구가 몸 전체 림프조직의 70% 정도가 존재하여 인체의 면역력을 좌지우지한다. 건강과 항상성 유지에 큰 영향을 주는 면역력⇈ 위해서는 단연코 장내의 환경을 잘 다스려야 할 것이다. 병원균을 격퇴하는 백혈구 중에는 세포성 면역과 항체 생산을 담당하는 림프조직에서 생성되는 림프구가 있다. 장 건강의

조건은 염증 유발/발암물질 생성 유해균 제거와 외부 침입 병원체 증식을 막는 유익균의 증식이다. 발효식품의 유산균은 장내 유익균의 활성화와 림프조직 자극으로 면역력↑에 도움을 준다. 참고로 위 언급된 약 120일을 주기로 재생되는 적혈구 외 혈소판은 9~11일마다 새로이 만들어진다. 면역기능의 전사인 백혈구는 종류에 따라 다양하여 호중구/호산구/호염기구 과립구는 4~5일을 주기로 형성되나 비 과립형은 매우 다른 양상으로 재생된다. 단구: 2.5개월, 림프구: 수년~20년

우리 몸은 체액과 혈액의 산성도 변화에 민감하게 반응하며, 중대한 영향을 받는다. 산성도가 조금만 변해도 세포 대사활동에 장애를 일으키며 만약 정해진 산성도가 범위를 벗어난다면, 생명을 유지하기 어려워진다. 그러나 인체는 이러한 상황에서 몸을 보호하기 위해 항상성의 원리에 따라 작동하는 자연 복구 능력이 있다. 인체 내 단백질이나 적혈구 등에 포함된 화학물질의 정상적인 작동 및 심장/폐/신장의 제 기능 등 일정한 산성도를 유지하여 우리 몸을 스스로 유지하게 한다. 일련의 이러한 작용에 물이 절대적인 영향을 준다는 것은 아래와 같이 잘 알려진 사실이다.

▶ 인체와 물

물은 생명현상 유지에 필수적인 요소로 물질대사 및 분열을 통해 새로운 세포를 만들어 건강한 생명을 유지한다. 물은 원활한 체액의 순환과 영양분의 소화 및 흡수로 세포가 필요로 하는 각종 영양소를 원활히 공급한다. 체내 노폐물을 땀/대소변.. 체외 배출 → 혈액을 약알칼리로 유지 → 청혈 상태로 만들며, 열 발산 → 체온 조절과 신진대사에 도움을 준다. ~85% 뇌의 주성분도 물이며, 뇌 보호 및 호르몬 분비 등에도 지대한 영향을 미친다. 또한, 세포 내에서는 물질대사가 일어날 수 있게 하는 세포 화학작용의 매개체, 세포 밖에서는 세포 보호물질이 된다. 세포에서는 수많은 화학작용이 쉼 없이 일어나는데, 물이 없으면 어떠한 작용도 일어나지 않는다.

올바른 수분공급은 혈액순환을 원활하게 하며, 암세포를 억제하는 면역계 세포가 암세포의 세포막에 더 많이 도달할 수 있게 한다. 이것은 암세포의 발생과 증식을 억제할 수 있다는 것을 의미하기도 한다. 세포에서의 충분한 수분 섭취는 세포 팽창 → pH 균형 → 면역력↑ → 항상성 유지에 도움이 된다. 반면, 탈수된 세포는 염증을 높이고, 조기 노화 및 조직의 퇴화를 불러오고, 심한 탈수상태에 있는 세포들은 심각한 질병에 노출될 수 있다. 사람의 경우, 물이 인체 내를 한 바퀴 도는데 약 40분 정도 걸린다고 한다. 이와 함께 체내의 수분 섭취량이 적절한지 부족한지를 평소에 쉽게 알아내는 방법이 있다. 다름이 아닌 소변 관찰! 만약 소변의 색이 진하면, 수분 섭취량이 부족하다는 증거로 수분 섭취 부족 시 → 몸은 수분 절약을 위해 진한 색의 소변을 배출하게 된다. 성인은 하루 2.5l↑ 수분을 배설하는데, 수분 보충을 제대로 하지 못하면 세월이 지나면서 주름이 더 많아지는 것과 무관하지 않다. 즉, 주름과 체내의 수분량과 연관이 있음을 뒷받침한다고 볼 수 있다. 물과 인체는 떼려야 뗄 수 없는 관계로 특히 very critical 인체 항상성 유지, 양분 공급원, 노폐물 제거, 해독작용 촉진, 정장 작용 등에서 더 중요해진다.

• 물고기도 항상성을 유지한다…?

항상성은 생명체의 중요한 특성으로 복잡한 구조의 인간뿐만 아니라 간단한 단세포 생물체에서도 나타난다. 하지만 같은 생물 종이라 하더라도 환경에 따라 항상성을 유지하는 조건은 달라질 수 있다. 예를 들어 바닷속 물고기는 강가의 물고기와 달리 체내 염분 농도를 낮게 해야 항상성을 유지하므로 염

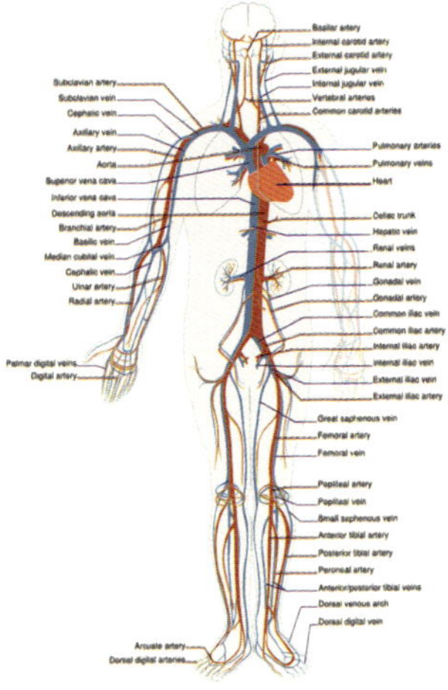

그림 5. 인체의 구조

도 높은 오줌을 조금씩 밖으로 내보내나, 체내 염분 농도를 높게 유지해야 하는 강에서는 반대로 농도 옅은 오줌을 다량 배출한다. 생명체의 이런 음성 피드백 자동조절은 외부자극에 반응해 생체 변화를 극소화하여 내부 균형 및 항상성을 유지케 한다. 가장 복잡한 구조의 동·식물 뿐만 아니라 간단한 단세포 유기체에 이르기까지 내부 메커니즘의 작동으로 물질대사가 정상적으로 이루어질 수 있도록 일정하게 정해진 환경을 유지한다.

• 항상성 유지의 기전

그렇다면 인체의 항상성은 어떻게 유지되는 것일까? 예로 우리 몸은 수분 부족 시 → 갈증 유발, 수분 과다 시 → 소변량↑ → 배뇨 작용 → 체외로 배출한다. 이외에도 전신에서는 모든 수준에서 더 복잡하게 아주 치밀하고 정확하게 진행되는 자동조절 시스템으로 심신을 아우르는 생명 활동 그 자체가 항상성을 가진다. 이 항상성은 호르몬과 함께 자율신경계, 특히 간뇌의 시상하부가 항상성 조절 중추로 중요한 역할을 한다. 뇌 부피의 1% 정도를 차지하는 시상하부는 환경변화를 감지하고, 신경의 흥분과 호르몬의 분비량을 조절해서 몸이 환경의 변화에 잘 대처하게 만든다.

※ 참고

- 자율신경계 autonomic nervous system : 말초신경계의 하나로 뇌의 통제 또는 의식과 무관하게 심장 박동, 위장 운동, 분비선의 기능을 조절하는 신경계. 교감신경계와 부교감신경계로 나뉘고 이들이 서로 길항적으로 작용한다.
- 간뇌 : 시상과 시상하부로 구성된 대뇌-중뇌 사이의 작은 뇌 부분. 여러 신경구조의 복합체로서 주로 내장이나 혈관의 기능, 호르몬 분비 조정 등의 자율신경을 관리한다. 받은 정보를 대뇌 부위로 전달하는 매개체 역할의 시상과 달리 시상의 아랫부분 시상하부는 항상성 유지 외에도 내분비계와 자율신경계의 다양한 기능을 조절한다.

땀 흘림도 항상성…? yes~! 체온은 특정 범위 온도를 일정하게, 즉 항상성 유지의 대표적인 예로 범위에서 벗어난 온도는 세포 내 생물학적 분자를 변형시킬 수 있다. 아주 낮으면 세포의 막 유동성의 기능이 제한되고, 너무 높으면 효소의 효율성↓, 물질대사의 반응 속도↓ 등을 초래하여 심각한 상황으로 치달을 수 있기 때문이다. 체온 조절은 피부/시상하부.. 몸 곳곳에 있는 온도 수용체 감각 수용체가 체온을 감지하면서 조절의 과정이 시작된다. 날씨가 무더운 여름날, 시상하부 뇌가 '높은 체온을 낮춰야 해'라고 판단하면 몸은 열 방출과정을 시작한다. 그 판단은 신경을 통해 몸에서 땀 나도록 전달 → 혈관 확장과 내분비계 땀 배출 → 몸은 실제 * 땀을 흘린다. 만일 반대로 겨울철 바깥 날씨가 추우면 뇌가 체온을 감지한 후 높여야 함을 판단하며 체온을 높이는 메커니즘을 개시하여 몸을 떨거나 혈관을 수축하여 빠져나가지 않도록 조처를 한다. 이렇게 신경을 통한 체온 조절이 신속하게 일어나는 반면, 몸의 변화를 조절하기는 하나 전달의 속도나 작용의 효과가 느리게 일어나는 예도 있다. 바로 호르몬의 경우!

> ※ 땀: 인체는 매일 2ℓ 정도의 수분을 땀으로 잃는데, 땀의 주된 성분은 ~99% 수분과 ~1% 염분으로 피부 표면의 에크린선/sweat gland 땀샘 주위의 모세혈관에서부터 걸러지면서 인근 세포의 노폐물과 같이 분비된다. 땀 분비로 수분이 빠져나가면 충분한 양의 물을 마셔 건강한 수분 평형을 유지해야 한다.

호르몬은 화학물질로 내분비샘에서 만들어진 후 분비되면 혈액이나 조직액을 통해 표적 기관으로 이동한다. 이후 수용체를 가진 target cells 표적세포에 도달하면 수용체와 결합 → 해당 세포의 물질대사 촉진/감소 → 인체 변화 조절 → 항상성을 유지할 수 있게 한다. 극소량만으로도 생리 기능을 조절하는 활성물질로 필요한 시기에 필요한 양이 제대로 분비되어야 인체 기능에 균형을 잡을 수 있다. 호르몬은 뇌하수체가 조절하는데 생성 또는 분비에 문제가 생기면 부족 시엔 결핍증이, 넘치면 과다증이 발생한다. 인체의 변화 조절에는 신경계 외에도 호르몬이 관여하는데 뉴런/neuron 신경을 통한 전달과 효과와 비교해 보면 전혀 다른 양상을 보인다. 뉴런을 통해 일어나는 자극의 전달 속도는 매우 빠르고, 작용 측면에서의 효과도 즉각적 일시적이지만, 생성 부위 → 표적세포에 이르는 호르몬의 전달 및 효과는 서서히 진행되면서 더 지속해서 유지된다는 특징이 있다.

• 왜 항상성을 유지해야 할까?

최근 바이러스성 질병의 확산으로 면역력 증진과 항상성 유지가 인체 건강에 얼마나 중요한지를 새삼 느끼고 있다. 물론 질병에 대한 예방 차원에서의 백신 접종도 질병을 이겨내거나 대응하는 데 큰 도움을 주었음은 사실이다. 하지만 인체에 새로운 병원체에 대한 항체 생성과 건강한 상태를 유지하려고 하는 항상성 작용이 없다면 이러한 백신 등의 약을 투여해도 큰 의미가 없지 않았을까? 항상성은 생명체 고유의 특성으로 최적화된 균형 이룬 상태를 지속해서 유지하려는 특수한 성질이다. 항상성이 깨진다는 것은 인체가 불균형적으로 작용한다는 것을 의미하고, 그 상태가 바뀌지 않으면 그 불균형이 결국엔 생명현상 멈춤으로 갈 수 있다. 그러므로 항상성 유지는 인체가 스스로 치유하는 과정 중 만나는 각종 방해 요소를 피하거나 제거해 온전한 신체를 유지할 수 있게 해주는 과정을 의미하기도 한다.

활성산소와 노화

• 건강에 대한 미세한 yellow card 경고…?

우리 몸의 면역계가 균형과 조화를 이루어 정상적으로 작동할 때는 인체에 치유체계가 있는지조차 모를 경우가 많다. 이는 표면으로 문제가 드러날 때까지 건강 상태를 거의 인식하지 못하기 때문이다. 사람들은 체내 모든 시스템이 원활하게 작동 → 항상성 유지 → 건강한 삶을 누릴 수 있길 원한다. 생명체 항상성은 생명현상에서 기본적인 원동력으로 작용하고, 그 유지는 몸 건강과 직결되어 있음은 누차 설명되어 잘 안다. 하지만 그렇게 중요한 항상성 유지를 방해하는 요인이 주변에 널리 퍼져있고, 사람이 살아가며 필수적으로 하는 생명 활동에서 만들어지고 있다는 사실도 알고 있는지….

활성산소가 항상성을 어그러뜨리는 * 생물학적 방해 요인 등에 의해 제거되지 못한 채 계속 축적되면 처음에는 건강한 삶에 초기의 미세한 경고 신호들이 다가온다. 그리고 이 상태가 해결되지 못하고 이어지면 서서히 우리도 알지 못하는 사이에 몸에는 적신호가 켜지기 시작한다. 활성산소는 살아있는 동안 항상 만들어져 신체활동을 하면서, 심지어는 숨을 쉴 때도 의도치 않게 발생할 수 있다. 신체활동이 자신에게 맞는 적절한 수준이면 긍정적이지만, 과한 경우엔 거의 부정적으로 작용한다. 한 예로 신체활동이 과하면 건강을 해쳐 질병을 초래하거나 원래 있던 질병을 악화시킬 수 있다. 과도한 신체활동이 인체를 부정적인 측면으로 들어가게 하는 요인 중 하나가 바로 활성산소!

※ **생물학적 방해 요인:** 항상성 및 건강 유지에 문제를 초래하는 생물학적인 요인으로는 세포에서 일어나는 장애를 비롯하여 다음과 같은 것들을 들 수 있다. [1] 세포의 장애, [2] 체액/pH 불균형, [3] 유전자 결함, [4] 면역 과민성, [5] 혈액순환 장애, [6] 에너지/영양 부족, [7] 조직 회복과 재생 장애, [8] 활성산소, [9] 산소 결핍/질식, [10] 출혈, [11] 신체적 충격, [12] 감염/염증, [13] 화상/동상, [13] 독소 등등

• 나쁜 산소라고…?

활성산소가 인체에 해로운 나쁜 유해산소라고 항상 말할 수 있을까? 그렇지 않다! 활성산소가 무작정 나쁘다고는 할 수 없는데, 그 이유는 신체 내 적당한 활성산소가 몸에 들어온 바이러스나 세균을 소멸시키는 과정에서도 만들어져 이들로부터 신체를 지키는 방어 역할을 하기 때문이다. 실제 적당하게 낮은 농도에서는 세포 성장과 분화를 유도해 신체 건강 상태를 유지하도록 도와 몸의 면역체계↑, 당뇨병/퇴행성 관절염.. 일부 병의 완화, 근육 재생, 산화환원 작용에서의 신호 매개체 등 중요한 플러스적 역할을 한다. 하지만 활성산소가 지나치게 발생해 제거되지 않고 다량 축적되면 세포를 죽이는 독성 물질로 작용해 죽음을 부르는 원인이 될 수 있다. 그렇다, 우리가 흔히 듣는 '활성산소 = 세포 내 무법자'가 되는 것이다!

• 활성산소, 노화의 주범

활성산소란 강력한 반응성을 가진 산소의 일종! 호흡을 통해 몸에 들어온 산소가 산화 과정에 이용되면서 여러 대사 과정

에서 생성돼 생체조직 공격 및 세포 손상을 부르는 산화력이 강한 산소를 말한다. 표면의 전자를 잃고 다른 분자에서 전자를 끌어와 균형을 이루려고 하는 과정에서 산화작용 수행 → 활성↑ → 반응성↑↑ ↑↑ 상태가 된다. 극도로 높아진 반응성의 전자는 세포의 미세구조들을 과도하게 산화시켜 기능 저하를 일으키는데, 산소+영양분 → 에너지 생성을 담당하는 소기관인 세포 내 발전소/mitochondria 미토콘드리아를 주로 공격한다. 미토콘드리아에서는 호흡으로 들어온 산소의 관여로 영양분 속 에너지 → 세포 활동에 필요한 에너지로 전환되는 과정이 일어난다. 세포 생명 활동에 필수적인 에너지 adenosine triphosphate ATP는 결국 호흡으로 들어온 산소의 도움으로 만들어진 산물이고, 영양분 처리 과정에서 활성산소가 부수적으로 발생하게 된다.

활성산소는 이처럼 섭취한 음식물이 소화되어 산소의 단계적 환원에서 연소과정 에너지를 생성하는 필수 과정에서도 만들어진다. 우리가 살기 위해 음식물을 먹은 후 세포가 필요로 하는 에너지 형태로 바꾸는 과정에서 생기는 것이다. 생성된 활성산소의 강한 활성과 반응성은 세포를 공격하여 손상케 하지만 인체는 이에 대응하는 방어체계를 갖추고 있어 유해 활성산소↑↑를 막기 위한 항산화 효소를 분비해 일정 수준까진 이들의 제한 없는 증가를 막을 수 있다. 활성산소는 끊임없이 만들어지고 제거되지만, 면역력 저하 등

이런저런 이유로 몸속에 많아지면 이들에 의한 세포 파괴의 속도가 더 빨리 진행되어 각종 노화의 징후들이 나타난다.

활성산소가 생성되는 이유는 다양하지만, 주변 환경에 의함은 물론 위에서 언급된 것처럼 우리 몸속에서도 생성된다. 예로 스트레스, 약물, 환경오염, 배기가스, 방사선, 자외선, 화학물질, 흡연, 음주, 산화된 식품, 보존이 잘못된 가공식품, 감염증, 질병, 비만, 혈액순환 장애, 염증과 상처, 과도한 운동 등으로 생성이 된다. 여러 원인으로 과잉 생산된 활성산소는 신체의 정상 DNA와 세포 그리고 조직들을 공격하는데, DNA가 가지고 있는 유전정보를 파괴하고 세포막을 붕괴시키며 비정상적인 세포 단백질을 형성한다.

실제로 현대인들이 겪고 있는 질병의 90% 이상이 원인물질로 과잉의 활성산소를 지목하고 있다. 세포의 막을 공격하여 원래와 다른 세포 단백질을 형성하기 때문에 정상에서 벗어난 세포와 관련된 암.. 질병에 걸리기 쉽다. 질병 발생과도 직결된 일명 '인체의 배기가스' 악명 높은 활성산소에 대해 의학계에서는 질병의 근원이 바로 활성산소의 과도한 발생과 연관돼 있다고 믿고 있다. 활성산소가 인체에 미치는 악영향은 산화반응으로부터 오며, 산화는 세포를 늙게 하는 주된 원인이라는 것을 알고 그 발생을 최소가 되도록 해야 한다.

인체 노화에 주범으로 알려진 활성산소는 이렇게 신체활동 중에도 증가하는데, 안정된 산소 분자와 비교해 그 반응성이 월등히 높다는 데 문제가 있다. 과잉 발생 시엔 산화 작용 → 신체 성분 손상 초래, 즉 산화 작용으로 인한 신체의 손상은 위에 언급했듯이 질병의 발생 또는 촉진할 가능성이 있고, 노화를 더 가속한다. 특히 부정적인 영향을 미치는 큰 이유 중 하나는 정상세포 공격으로 노화 및 각종 질병의 원인으로 작용하기 때문이다. 활성산소가 무작정 나쁘다고는 말할 수 없지만 과격한 신체활동으로 인해서 필요 이상 생성되면 정상 세포를 무차별적으로 공격하기 때문에 우리는 활성산소에 대한 심각성을 인지할 필요가 있다.

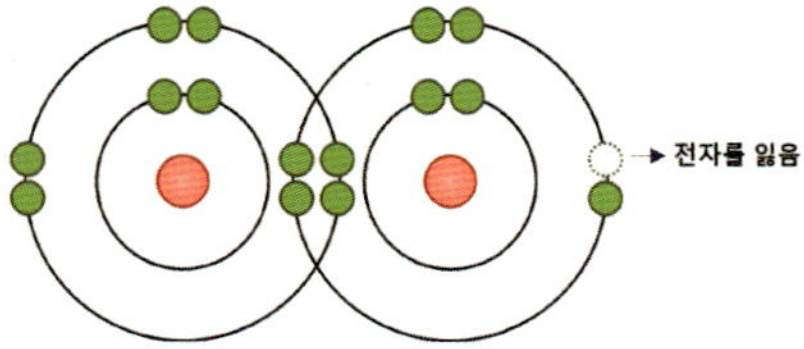

그림 6. 활성산소 분자 구조

• 활성산소의 작용기전

산소 분자는 이중결합되어 어느 정도 안정돼 있지만, 이중결합의 에너지가 비교적 ~495 KJ/mol 작아 불안정한 면이 있다. 이런 특성으로 인해 대기권 상층부에서 자외선에 의해 쉽게 분해되어 오존층을 형성하기도 한다. 이렇게 산소의 결합이나 전자의 상태가 달라지면 강한 반응성의 불안정한 물질로 변할 수 있는데, 생체 내에서 세포에 손상을 줄 수 있는 변형된 산소를 총칭하여 reactive oxygen species/ROS 활성산소종이라고 한다. 대표적 활성산소는 hydrogen peroxide/H_2O_2 과산화수소, superoxide/O_2^- 초과산화 이온, hydroxyl radical/OH· 수산화 라디칼, hydroxide ion/OH^- 수산화이온, singlet oxygen/$^1O_2$ 단일항 산소 등이고, 모두 산소 분자에 비해 쉽게 환원되어 다른 물질을 산화시키는 능력이 월등히 높다. 또한, 이들이 지닌 음이온/라디칼 → 반응성↑↑ ↑↑ → 다른 분자 쉽게 공격 → 반응을 순간적으로 일으킬 수 있다.

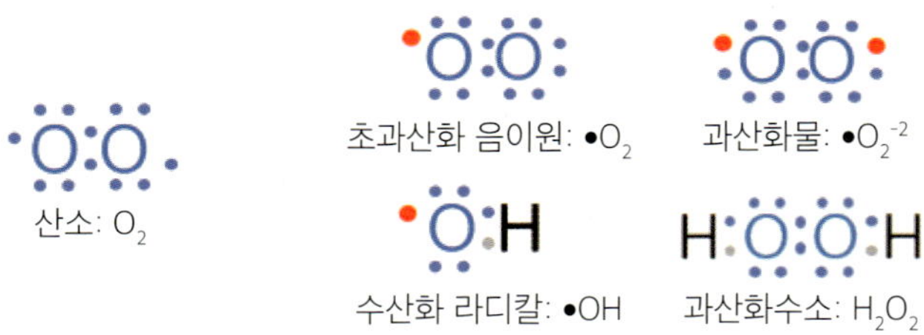

그림 7. 산소와 활성산소종들

출처 : https://terms.naver.com/entry.naver?docId=5782030&cid=62861&categoryId=62861

이 특성에 의해 효소/수용체/이온펌프.. 생체분자들과 만나면 즉각 반응해 산화시킨 후 불활성화나 세포막 파괴, 또는 핵산 내 염기서열 변화 돌연변이의 원인이 되기도 한다. 문제가 생긴 DNA는 결국 단백질 이상을 불러 노화를 진행하거나 단백질 손상이나 전환, 더 나아가

 병리적 상황과도 관련이 있게 된다. 특히, DNA 손상은 암 발생의 주요 원인이 될 수 있다. 이러한 활성 산소종에 대응하는 물질로 최근에 큰 주목을 받는 것이 카로티노이드 계열의 천연 색소 물질들이다.

• 항상성 유지와 활성산소

신체 건강에서 가장 중요한 것은 항상성 유지이나 이를 방해하는 요인 중에는 활성산소가 포함돼 있다. 과도한 신체활동뿐만 아니라 단순한 호흡 등의 신체활동에서 계속 만들어지고 있는 활성산소 대부분은 몸이 음식물을 섭취해 에너지로 변환시키는 신진대사 과정에서 생성된다. 하지만 신체 항상성이 이어져도 몸 건강은 젊을 때와 똑같이 유지되지 않고, 세월에 따라 인체 곳곳에서 노화가 진행돼 가장 바깥층인 피부의 노화는 눈으로도 확인이 된다. 노화의 과정도 엄밀히 말해 산화 작용으로 세포 내 어떤 물질이 산소와의 결합으로 전자를 잃는 상태를 말한다. 활성산소에 의한 일련의 산화 과정이 소위 말하는 산화스트레스이고, 특징으로는 다른 산소에 비해 활발한 활동성과 월등히 빠른 반응 속도를 들 수 있다. 활성산소의 배출과 제거가 수월치 못하면 항상성에 이상 → 면역력에 문제가 생기나 인체 내에는 이들을 배출 또는 제거하는 장치인 항산화 효소가 있어 활성산소의 과잉 증가와 공격을 막는 역할을 한다.

인체 노화는 우리의 생각보다 20대 후반부터 일찍 시작하며 시간이 지나며 진행 속도가 빨라지고 징후도 표면화된다. 인체 건강에 그렇게 중요한 항상성 작용이 잘 유지되려면, 활성산소가 인체에 어떠한 영향을 끼치는지, 인체 건강을 위해서는 어떻게 해야 하는지 등이 핫한 이유로 떠오르고 있다. 운동뿐만 아니라 고른 영양소 섭취는 예전부터 강조되는 점이다. 여기에 근래에는 최고의 항산화력 유지를 위해 적극적으로 건강기능제품을 취하는 습관도 중요한 요소로 떠오르고 있다.

항산화제

• 7대 필수영양소 항산화제!

전에는 인체에 필수적인 영양소로 탄수화물, 단백질, 지방, 미네랄, 비타민을 손꼽았지만, 요즘엔 이 다섯에 식이섬유와 항산화제 2가지를 추가해 7대 필수영양소로 칭한다. 혈당 및 콜레스테롤, 정장 작용과 장 환경 개선기능을 인정받은 식이섬유와 항산화제를 적당량 섭취하면 건강에 좋다는 것이 사실로 밝혀졌기 때문이다. 위의 필수영양소 챙기기와 함께 인체 건강에서 재차 강조되는 것은 항상성을 방해하는 요소들을 피하거나 제거하는 것이다. 노화를 가속하는 활성산소는 호흡 등 필수적인 생명 활동 중에도 만들어져 제때 배출 또는 제거되지 않으면 문제가 생겨 면역력이 저하될 수 있다. 건강하길 바란다면 수시로 만들어지는 해로운 활성산소를 제때제때 제거하는 몸 상태를 유지해야 한다. 여기에 항산화 능력 높은 천연의 물질을 수시로 적정량 섭취해 주면 건강 유지에 많은 도움이 된다고 전문가들은 말한다.

• 항산화제란?

항산화제는 말 그대로 산화방지제 의미로 우리 몸에서 산화방지 역할을 하는 물질의 총칭이다. 살기 위해 하는 세포 호흡과 음식물 소화 등의 과정에서 활성산소가 생성되고, 그 유해 물질이 산화반응을 일으킨 결과는 세포의 손상과 노화, 다양한 질병의 징후로 나타난다. 유해 물질의 산화를 막는 항산화제에는 카로티노이드, 페놀, 알칼로이드 등의 파이토케이컬 식물성 화학물질과 vitamin A/C/D/E.. 비타민, CoQ-10/SOD/글루타치온/퍼옥시다제.. 효소, 그리고 셀레늄/마그네슘/인/구리.. 다양한 미네랄이 있다. 체내 생명 활동 중 물질이 산화될 때 * 자유라디칼이 생성되기도 하는데, 자유라디칼은 세포에 손상을 입히는 연쇄반응을 진행한다. 항산화제는 자유라디칼을 제거해 주기 때문에 세포 손상에 의한 연쇄반응을 막을 수 있다.

※ **자유라디칼**free radical : 쌍을 이루지 못한 활성 있는 전자를 지닌 이온이나 분자로, 불안정하여 인접한 분자에서 전자를 빼앗거나 다른 곳에 이런 전자를 재빨리 넘겨 안정화하려는 특성이 있다. 반응성이 매우 높아 다른 물질을 반응시키는 힘이 너무나 강해, 산소의 경우, 전자를 하나 더 받으면 활성산소가 되어 쉽게 세포 손상을 부른다. 호흡으로 몸에 들어온 산소는 미토콘드리아 내막-외막 간 수소이온/H+ 막 사이의 pH 농도 차이 → 수소이온들 막 사이로 유입 시 동력/에너지 생성 → 일련의 과정에서 전자들 이동 필요 → 산소로의 전자 이동이 일어난다. 정상적인 과정에선 산소(O_2)가 전자(H^+)를 받아 물(H_2O)로 전환되어 세포가 사용한다. 하지만, 전자를 받고 물로 변환되지 않고 받은 상태로 머물면 호흡 과정의 극히 일부 최종 산물이 활성산소가 되어 세포 내 물질을 반응시켜 결국 세포 손상을 입힐 수 있는 물질이 되는 것이다.

항산화제의 또 다른 이점으로 몇 가지 알려진 것들은 다음과 같다; 1) 일부 독특한 경우, 수소 원자를 주어 손상된 분자 치료에 도움이 될 수 있고, 2) 특정 항산화제에선 금속성 활성산소 형성 차단 → 화학 반응 억제 효과가 있으며, 3) 어떤 형태의 항산화제는 유전자 자극 → 면역력↑에 도움을 줄 수 있다. 4) 플라보노이드의 경우, DNA 부착 → DNA 보호 역할을 하며, 5) 발암물질의 대사활성화를 방해하는 경우, 종양 발달 억제 → 암 위험 감소/암 대항에 도움을 줄 수 있다고 한다.

• 우리 몸속 항산화 시스템

우리 몸은 산화된 스트레스로부터 자신을 보호하기 위해 활성산소 제거 또는 손상 세포 치유의 항산화 시스템을 가지고 있다. 항산화제는 지방 또는 물에서 용해되는 물질로 분류될 수 있다. 세포의 내부와 그 사이에 있는 액체는 물로 이루어져 있지만, 세포막 자체는 대부분 지방으로 되어 있으므로, 신체는 세포를 보호하기 위해 이 두 가지가 필요하다. 항산화 작용과 활성산소의 생성이 균형을 이루면 문제가 되지 않으므로 활성산소의 생성-제거의 적절한 균형이 더 중요하다. 항산화 시스템으로 인체 내 효소적 항산화 시스템 효소 활용법과 음식물 섭취로 비효소적 항산화 시스템(항산화 비타민+효소로 구성) 항산화 무기질 활용법으로 구분한 보고된 바 있는 방법을 택해 설명해보자.

먼저, 효소를 활용하는 효소 항산화제는 방법, 즉 효소적 항산화 시스템에서는 인체 대사 과정 중 생성된 유해 활성산소 대부분을 여러 항산화 효소들이 분해하고 제거하여 세포를 보호해 신체를 이롭게 한다. 이들은 위험한 산화 생성물을 과산화수소로 전환한 다음 물로 전환해 제거할 수 있다. 이는 많은 미량의 아연/구리/망간/철.. 금속 공동 인자가 필요한 다단계 과정을 통해 수행되고, 효소 항산화제는 보충제에서 찾을 수 없는 대신, 신체가 이를 만들어 작용한다. 이렇게 유익한 대사활동을 하는 항산화 효소에는 어떤 종류가 있을까? 대표적으로 SOD, 카탈라아제, 글루타치온 과산화효소나 환원효소 등이 있다.

이들 중 제일 많이 들어본 것은 아마도 과산화물 제거 효소 superoxide dismutase SOD로 초과산화 이온을 산소와 과산화수소로 바꿔 세포가 독성에 노출되는 것을 막는 반응을 촉매한다. Catalase 카탈라아제는 대표적 활성산소인 과산화수소를 세포에 유용한 물과 산소로 분해하는 효소로(H₂O₂ → H₂O+O₂) 모든 세포가 가진다. Glutathione peroxidase 글루타치온 과산화효소는 과산화수소를 물과 알코올로 분해하여 독성을 해가 없는 물질로 변환시킨다. 이들 효소가 대사 과정에서 제대로 작용하기 위해서는 생체 내 생화학반응 물질대사를 조절 또는 보조하는 기능의 셀레늄/아연/구리/망간.. 여러 무기질/mineral 미네랄이 필요하다.

반면, 음식물 내에 포함된 영양분 섭취로 항산화 무기질과 효소를 활용하는 비효소적 항산화 시스템으로는 글루타치온을 비롯하여 몇 종류의 영양소가 잘 알려져 있다. 일상에서 흔히 접하는 β-카로틴 베타카로틴, α-토코페롤 비타민E와 C, 그리고 시스테인, 타우린 등이 영양소로서의 항산화제로 잘 알려져 있다. 이들의 항산화 작용은 세포의 바탕 물질인 세포질과 혈액의 혈장에서 산화물질과 반응 → 항산화 시스템 작동 → 인체 보호 과정을 수행한다.

• 활성산소 vs. 항산화제, 그리고 질병…?

활성산소와 관련된 내용으로는 '질병의 약 90% 원인 제공!', '세포 내 무법자로 독소의 한 종류!', '노화의 주범!' 등 많은 이야기가 돌아다닌다. 생명 유지에 필수적인 산소는 호흡으로 몸에 들어오므로 피할 수는 없으나 활성산소를 더 만드는 환경은 당연히

피해야 할 것이다. 인체의 독소 배출기능은 누구나 세월이 지나며 서서히 내려가지만, 활성산소를 더 만들게 하는 요인들이 주위에 생각보다 많다. 다름 아닌 과식, 과음, 과도한 운동, 오염된 환경, 자외선, 독소, 스트레스 등 일부만 열거해도 이 정도이다. 여기에 더해 체내 염증 반응이 일어나면 활성산소를 많이 만드는 원인이 된다.

활성산소가 만들어질 때마다 제대로 제거되면 좋겠지만 그렇지 못한다면, 이들에 대한 대응책은 바로 이들의 독소를 중화시키거나 배출시키는 항산화제를 적극적으로 섭취하는 것이다. 체내 쌓인 독소 배출의 항산화제 기능을 돕기 위한 가장 손쉬운 방법은 면역세포들의 체내 순환이 원활하도록 물을 하루 1.5~2l 충분히 섭취해 주어야 한다. 체액의 흐름이 원활하면 이를 통해 항산화제가 세포 내 유전자나 미세구조 수준에서도 잘 작동하여 암/난치병.. 질병 발생을 차단 또는 지연시키는 강력한 물질로 기능을 할 수 있게 된다. 활성산소가 세포를 공격해 세포 약화가 진행되면 노화가 촉진됨은 물론 알레르기/피부염/비염.. 염증 유발, 과산화 지질 생성, 호르몬 불균형 등 기능상에 장애를 가져올 수 있다. 체내축적 독소의 배출을 위해 이들 항산화제의 기능을 도우려면 물을 충분히 섭취해 체내 순환이 원활해야 한다. 항산화제는 활성산소가 유전자나 세포 수준에서 작용 → 질병 발생과정 차단/지연 가능한 강력한 물질이라 볼 수 있다. 활성산소에 의해 일어나는 증상이나 질병의 예로는 노화 촉진, 유전자 손상 유발, 알레르기, 염증 유발, 과산화지질 생성, 호르몬 불균형 등을 들 수 있다. 아래에서는 비타민C, 카로티노이드 등 대표적인 항산화제들에 대한 간략한 설명을 덧붙이고자 한다.

• 대표적 항산화제

▶ 비타민C ↠ 일반적으로 잘 알려진 항산화제! 비타민C는 활성산소의 공격을 막고, 산화된 비타민E를 재생시키며, 대개의 중금속과 결합 → 독성의 미네랄 배출을 돕는 역할을 한다. 이러한 보조적 역할은 혈관에서 더해 혈관벽을 튼튼하게 하고 염증 반응 조절 → 노화 방지에도 훌륭한 역할을 진행한다. 하지만 우리 몸은 비타민C를 스스로 합성하지 못한다.

▶ 글루타치온 ↠ 신체의 모든 세포에서 발견되는 tripeptide 트리펩타이드로 아주 강력한 항산화제로 알려져 있다. 글루타치온 생성력은 노화가 진행됨에 따라 감소하나, 생산 촉진에 도움이 되는 유청 단백질/생 유제품/달걀.. 성분 섭취를 하면 좋을 것이다.

▶ 코엔자임 큐텐/큐텐/유비퀴논 CoQ-10 ↠ 인체의 모든 세포에서 사용되는데, 체내에서는 유비퀴놀 감소한 형태로 변환되어 작용을 극대화하

는 것으로 알려져 있다. CoQ-10은 세포 내 미토콘드리아에서 항산화 작용으로 ATP 에너지를 만드는데 필요한 물질로 여겨진다. 지용성 항산화제로 비타민E보다 강력한 작용으로 스트레스 하에서 심장 보호의 작용을 하나 나이가 들거나 질병/환경오염.. 좋지 않은 상황에서는 양이 줄어든다고 한다. 최근 독소 배출의 높은 효율성으로 인해 CoQ-10과 * 셀레늄의 항산화 작용이 더 주목받고 있다.

※ **셀레늄:** 제8의 영양소라 불리는 미량 미네랄로 활성산소를 중화시키는 강력한 항산화력을 발휘하고, 중금속 해독에도 뛰어난 효과를 가지고 있다.

▶ α-리포산 알파리포산 ↠ 지방산 일종으로 미토콘드리아에 존재하여 에너지 생성에 관여하는 보조효소로 강력한 항산화제로 작용한다. 면역력과 해독력↑, 암세포 세포사멸을 유도 등과 관련된 활성산소 제거 기능 외에도 염증 감소를 위한 유전자 발현 조정이나 중금속 제거 등에 도움을 줄 수 있다.

▶ 카로티노이드 ↠ 강력한 항산화 능력의 자연발생 색소로 700종↑ 수백 종류가 있고, 이들 색소 화합물은 과일과 채소 등에 생동감 있는 다채로운 색을 부여한다. 특히, 생체 내에는 혈류를 순환하는 카로티노이드 종류가 10가지 이상 알려져 있다. 카로티노이드류는 분자 내 산소 함유 여부에 따라 크게 산소 無/베타카로틴/리코펜..

카로틴 계열과 산소 有/루테인/아스타잔틴.. 잔토필 계열로 구분된다. 카로틴류의 대표적 항산화제는 베타카로틴으로 일상에서 자주 언급돼 음식으로 흔히 섭취하여 몸 건강에 도움을 받는다.

그림 8. 카로티노이드 풍부한 과채류

근래 들어 큰 관심을 받는 항산화제는 잔토필류에 속하는 아스타잔틴으로 매체에서는 연일 이 성분이 인체에 미치는 뛰어난 이점들을 소개한다. 혹자는 모든 항산화제 중에서 특별히 언급되어야 할 만큼 영양학적/생물학적 특징이 뛰어나고 항산화 기능은 최고의 수준이라고 입을 모은다. 특히 망막 혈류량↑/눈의 피로회복.. 눈 건강 개선에 도움이 된다는 일반적인 평가도 있다. 또한, 많은 이가 아스타잔틴을 슈퍼 항산화제, 하늘이 준 선물, 지구상 가장 강력한 항산화제 등으로 표현한다. 아스타잔틴에 대한 이러한 표현은 다른 항산화제들과 분명히 차별되는 특징이 있다는 게 아닐까? 지금부터 아스타잔틴에 대해 자세히 알아보는 과학 테마 여행을 시작해보자.

02

Astaxanthin
아스타잔틴

아스타잔틴 history

—

생물학적·화학적 특성

—

인체와 아스타잔틴

Chapter **02**

Astaxanthin 아스타잔틴

카로티노이드는 파이토케미컬 식물성 화학물질로 녹황색의 채소와 과일에 많이 들어있고, 인체에서는 강력한 항산화제로 작용하여 건강에 유익함을 더한다. 카로티노이드에는 α- 및 β-카로틴, 루테인, 아스타잔틴 등 700여 종이 있고, 아스타잔틴은 이 중에서도 가장 강력한 항산화 성분으로 알려진 자연계에 있는 천연의 붉은 색소로 일반적으로 새우, 게, 연어 등의 연한 적색~주황색을 띠는 음식에 들어있다. 자연에서 발견되는 가장 강력한 항산화제 중 하나로 이 화합물은 미세조류인 헤마토코쿠스에서 추출되고, 항산화 기능 발휘 시 산화 촉진제로 전환되지 않기 때문에 특히나 중요한 물질이다.

• Astaxanthin 아스타잔틴이란?

항산화력의 대명사인 비타민C 혹은 베타카로틴이 비교도 안 될 정도로 강력한 항산화 능력을 지닌 아스타잔틴은 미세조류가 생성하는 해양/담수 수생 카로티노이드로 자외선으로부터 스스로 보호하기 위해 만들어내는 일종의 방어물질이다. 이런 아스타잔틴은 우리 몸에서도 강력한 항산화제로 작용한다. 비타민C, 비타민E 등은 한 번에 하나의 활성산소만 처리할 수 있지만, 아스타잔틴은 동시에 활성산소 여럿을 환원시키는 능력을 갖추고 있다. 이 유인즉슨 아스타잔틴이 분자 주변에 electron cloud 전자구름 형성 → 활성산소들 흡수 → 중화시키고, 다른 항산화제와 달리 활성산소를 환원시킨 후 자신은 산화되지 않은 채 항산화제 기능을 계속하기 때문이다. 이처럼 여타의 항산화제와는 작용 방식부터 다른 특성을 갖추고 있어 항산화 능력이 탁월할 수밖에 없는 분자 구조적 성질을 가진다.

활성산소는 음식물의 산화로 세포가 필요로 하는 에너지원을 만드는 과정에서 발생하는 내부 요인 외에 스트레스/방사선/자외선.. 외부 요인에 의해서도 생기는 연쇄반응의 산물이며, 하나의 활성산소는 다른 활성산소를 생성시킬 수 있다. 아스타잔틴은 활성산소 제거와 관련해선 지금까지 알려진 것 중 가장 강력한 항산화제로 다른 종류에 비해 산화의 특별한 유형 단일항 산소 제거에 훨씬 효과적이라 보고돼 있다. 활성산소종 가운데 특히 더 인체에 나쁜 영향을 주는 종류로, 햇빛과 다양한 유기 물질들의 손상은 이들의 안정치 못한 형태에 의해 유발된다. 햇빛에 과다 노출되어 있을 때 햇빛속 입자 → 안정적인 삼중항 산소 분자 자극 → 단일항 변환 → 피부 유해 산물이 생성되는 것이다.

아스타잔틴은 단일항 산소 제거에 베타카로틴의 11배/비타민E보다 550배.. 몇 배~몇십 배 수준 다른 항산화제와 달리 몇천 배 수준 비교할 수 없을 정도로 높은 제거력을 발휘한다. 이와 같은 독보적인 항산화력은 언급되었듯이 전자구름의 존재와 산화됨 없는 지속적인 항산화제 역할에서 기인한다. 이렇듯 아스타잔틴은 다른 항산화제와 작용하는 방식부터 다르며, 항산화 능력이 탁월할 수밖에 없는 특성이 있다.

기존의 항산화제들은 활성산소의 환원 과정에서 1 : 1 일대일로 교환되는 관계를 맺어 항산화제 하나는 활성산소 한 개를 제거하면서 hydration/水化 수화된다. 반면, 전자 구름층의 독특한 구조를 갖는 아스타잔틴은 다수의 활성산소가 유입되어도 이 층이 유해 입자를 모두 흡수해 중화해버린다. 과정을 수행하면서 전자를 주고도 산화되지 않고 계속 항산화 기능을 지속하는데, 아스타잔틴 한 분자는 무려 19개 전자 공여가 가능하다고 한다. 이론적으로는 다른 항산화제에 비해 순간적인 작용에서 적어도 19배의 효과를 부를 수 있는 것으로 볼 수 있다. 전자 구름층 형성이 커다란 장점으로 활성산소가 많이 생성되더라도 다른 항산화제들과 연계 또는 손을 잡지 않아도 아스타잔틴이 독립적으로 발생한 활성산소를 모두 흡수해 중화할 수 있음을 의미한다.

또 다른 장점으로 여타 항산화제들이 친수성이나 지용성으로 구분되는 반면, 아스타잔틴은 친수성과 지용성의 성질을 모두 갖추고 있다. 예로 항산화제 비타민C → 물에 작용을 잘하는 친수성 항산화제로, 비타민E → 기름과 작용하는 지용성 항산화제로 뚜렷하게 구분되어 있다. 이에 비해 아스타잔틴은 구조상 친수성과 지용성을 겸비한 구조로 활성산소와 산화스트레스로부터 세포 보호의 항산화 능력 발휘 시, 타 항산화제보다 훨씬 효과적인 결과를 볼 수 있게 된다. 이런 구조적 특징은 인체로 유입되는 아스타잔틴 성분이 세포막에서 흡수될 때 다른 항산화제보다 훨씬 더 빠르게 작용할 수 있음을 의미한다. 아스타잔틴은 수용성 및 지용성 부분을 포함한 세포 전체를 보호하는 데 손색이 없는 천혜의 항산화 색소라 할 수 있다.

아스타잔틴의 유명세는 이와 같은 강력한 항산화력에서 오며, 항산화 기능 있는 다른 비타민들보다 월등히 높은 항산화력을 보이기 때문이다. 카로티노이드 계열의 다른 항산화제와 비교해도 더 높은 항산화력을 갖는데, 이는 아스타잔틴의 분자 내 많은 이중결합과 양쪽 끝의 친수성기를 지니기 때문이다.

헤마토코쿠스는 세포 내에 아스타잔틴을 최대 8%까지 축적할 수 있다는 보고로 이들로부터 아스타잔틴 추출 관련한 연구가 활발히 이루어지고 있다. 하지만, 헤마토코쿠스 생활사에서 아스타잔틴 함량이 최대가 될 때, 이들의 세포벽도 두꺼워져 아스타잔틴 추출에 어려운 문제가 따른다. 아스타잔틴을 추출하려면 3층으로 두꺼워진 이들 세포벽을 파괴하는 전처리 단계를 거쳐야 한다. 또한 헤마토코쿠스 내 아스타잔틴은 구조의 양쪽 말단이 에스터 형태로 돼 있어 의약품이나 건강식품 산업화에서 항산화물질로의 활용 가치가 없는 구조이다. 따라서 * 에스터 결합을 끊는 비누화 반응을 거쳐야 활용 가치 있는 유리 형태의 아스타잔틴을 얻을 수 있다.

* 검화 반응

※ 에스터 결합 [ester bond] : 산과 알코올이 반응하면서 물 분자가 빠지며 생기는 공유결합

※ 비누화 반응 [saponification reaction] : [일명] 검화 반응으로 에스터 작용기를 [NaOH/KOH.] 염기성 용액과 반응시켜 [카복실기(COOH) 함유 유기화합물/R-COOH] 카복실산과 알코올을 생성한다.

그림 9. 헤마토코쿠스 대량 생산에서 제품 완성까지

(대량 생산: 좌측 1~3, 우측 아스타잔틴 분말과 [태블릿] 정제) (부록 참조)

아스타잔틴 history

인체 건강 및 항상성 유지와 관련하여 활성산소 제거에 탁월하다는 일명 '카로티노이드의 왕'이라 불리는 아스타잔틴이 차세대 항산화 천연물질로 사람들의 주목을 받으며 '자연이 우리에게 주는 커다란 선물'로 회자하고 있다. 아래에서는 아스타잔틴의 탁월한 가치가 알려지는 오늘이 있기까지 초기 연구부터 1980년대 헤마토코쿠스 대량배양 시대 돌입하기까지의 생물학적 측면의 역사에 초점을 두었다. 물질의 분석이나 분자 구조의 규명 등 생화학적인 측면에서의 연구 및 1980년대 이후의 역사는 이를 포함한 Guerin 등(2003), Ambati 등(2014), Shah 등(2016), Nishida 등(2022) 관련 review 문헌을 참고하기를 바란다. 시작에 앞서 1980년대 20세기 중후반까지의 헤마토코쿠스 및 아스타잔틴에 관련된 내용은 미세조류 산업화에 앞장서는 미국 Cyanotech 사에서 발표한 Technical Review #060 보고서를 참조하였음을 밝힌다. 참고: https://www.cyanotech.com/pdfs/bioastin/axbul60.pdf

• 1900년 이전

- 초기 헤마토코쿠스 연구 1797년~1899년

  1797년 Girod-Chantrans & Others : 헤마토코쿠스 관찰

  1844년 Flowtow : 헤마토코쿠스 플루비알리스 최초 기재

1851년 Brown : 초기의 헤마토코쿠스 관찰에서 범한 오류 수정 후 일부 내용 추가기재

1899년 Herrick : 헤마토코쿠스 휴면성 vs. 운동성 세포 간 세대교번 생활사에 관한 간략한 묘사

1899년 Hazen : Torrey Botanical Club 보고서 헤마토코쿠스 생활사 자세히 기재

Torrey Botanical Club 보고서

- 주기적으로 바닷물이 들고나는 얕은 웅덩이나 움푹 팬 곳의 측면에 대개 a blood-red crust 빨간 적색 껍질 형태로 미세조류가 붙은 채로 발견되었다고 기술. 생활사에서는 색과 활동성을 언급하며 red stage 붉은 단계는 휴면상태이며, 운동성의 green stage 녹색 단계는 이후 다시 붉은 휴면상태로 이어짐을 기재하였다. 이들 미세조류에서 당시 관찰된 미지의 붉은 색소는 'haematochrom 헤마토크롬'으로 칭하였고, 이것이 오늘날 우리에게 알려진 아스타잔틴이다. 그리고 자연에서 흔하고 지리적으로도 유럽이나 미국에서 널리 분포함을 언급한 바 있다.

• 1900년대 1901~1980년

1901년/1909년 Peebles : 생활사에서 헤마토크롬의 변화 양상을 상세한 그림으로 설명

1934년 Elliot : Peebles 연구에 세포 형태학적 결과 추가하여 발표

Elliot 보고서

- 헤마토코쿠스 생활사를 형태학적으로 추가 연구 → 4종류 cell types 세포형으로 구분하여 상세히 설명하였다; ① 활동성 소형/녹색 세포 microzooids, ② 편모 지닌 대형/녹색 세포 활동성 macrozooids, ③ 비활동성 palmella, ④ 내구성 강한 세포벽 지닌 대형의 적색 haematocysts/휴면 세포 헤마토시스트. 배양 시 양분이 충분하면 가장 많이 나타나는 형태는 macrozooids, 반면 환경이 불리하면 palmella나 헤마토시스트 형태로 바뀌고 아스타잔틴을 축적하게 된다. 다시 양분이 충분하게 되면 헤마토시스트는 운동성 microzooids로 전환되어 이후 palmella 혹은 macrozooid 단계로 자랄 수 있다.

1937년/1961년 Pocock : 아프리카 서식 헤마토코쿠스 균주의 분포 및 생활사 기술

1938년 Kuhn : 해양생물의 붉은 색소 → 아스타잔틴으로 명명

리하르트 쿤 & 아스타잔틴 명명

- 리하르트 쿤 Richard Kuhn
  - 오스트리아/생화학자 1938년 노벨화학상 수상(수많은 카로티노이드와 비타민 발견/발명)
    초기 연구 폴리엔 관련 연구 → 이후 카로티노이드 화학 전개 → 카로티노이드 집중 연구 → 아스타잔틴 포함한 많은 연구 결과 도출
  - 크로마토그래피 완성에 기여 - 카로티노이드계 물질의 분리/합성에 중요한 분석법
- 바닷가재 랍스터 붉은 색소 → '아스타잔틴' 명명
  - 랍스터(*Astacus gammarus*) → 속명(*Astacus*)에서 'Asta'
  - 노란색 계열의 색소 잔토필(xanthophyll) + 물질의 의미(~in) → 합성어 → '아스타잔틴(astaxanthin)' 색소명 탄생

1944년 Tisher : 헤마토코쿠스의 가장 중요한 색소는 카로티노이드계 아스타잔틴임을 확인

1954년 Droop : 헤마토코쿠스에서 아스타잔틴 형성과 소실에 관여하는 조건들 기재

1955년 Droop : encyst 형성 및 카로틴 생성 조건이 같고, 통상 함께 진행됨을 밝힘

1957년 Proctor : 빛/온도/염 농도 심한 변동 조건에서의 생존은 신속한 encyst 형성 때문

1961년 Droop : 바다 인근의 암석 구덩이에서 헤마토코쿠스 서식함을 발견

1963년 Sestak & Baslerova : 아스타잔틴이 축적되면서 아스타잔틴 전구물질과 chlorophyll 엽록소가 감소함을 알아냄

1966년 Almgren : 스웨덴 서식 헤마토코쿠스의 생태학 및 분포 기재

1968년 Lang : 아스타잔틴 축적 관련 현미경적 연구

1976년 Donkin : 베타카로틴/칸타잔틴.. 중간 산물을 통한 아스타잔틴의 생합성 연구

• 1980년대 이후 1980년~2000년대

1984년 Santos & Mesquita: 광학 및 전자현미경 아스타잔틴 축적과정 분석

> **아스타잔틴 축적과정에 따른 미세구조 분화**
> - 초기에 활동성 세포는 세포막 주변에 막에 둘러싸이지 않은 작은 소체들 형성 → 성숙한 cysts 세포에는 다양한 크기와 수의 색소축적 소체들 발달 → 세포 노화되며 색소축적 소체들 융합 → 아스타잔틴 함량 증가 → cysts 세포질 red 레드화/핵과 엽록체 내에는 색소 축적되지 않음

1984년 Cyanotech Corporate 싸이아노테크社의 헤마토코쿠스 대량 생산

헤마토코쿠스 대량 생산 사업화 게임 체인저

- 미국/하와이주 **싸이아노테크社** : 창업 후 1983년 초창기는 남조류 스피룰리나를 대량생산하다가 1984년 헤마토코쿠스 자연 배양에 하와이섬/코나 해안 최상의 장소임을 발견. 이후 아스타잔틴 대량 생산 시작
  - 배양지 장점: 청정 해안, 따뜻한 기온, 높은 일조량, 강수량 ~30cm/년, ~600m 해양심층수 사용 등
  - 배양의 난제: 첨단기술 필요, 실패 가능성↑, 다양한 불용성 미세조류 균주/박테리아.. 생물오염원

- Behind Story: 아스타잔틴 첫 생산 후, 직원들 사용/복용 경험담 → "얼굴이 햇볕에 심하게 타지 않았어요~" 강력한 햇빛으로부터의 피부 보호 기능 여부 다수 언급 → 회사 차원에서의 의학 실험연구 → 아스타잔틴의 자외선으로부터 피부 보호 효과 확인

↓

연구 결과: 자외선 차단 → 주름 예방/피부 손상 방지, 피부염증 치료 효과, ~19종류 각종 염증에 효능 탁월 & 최적의 주름 개선.. 화장품 원료라고 평가!

• 2007년

2007년 6월 KFDA 식약처 : 국내에서 아스타잔틴을 건강기능식품의 기능성 원료로 인정

- 일반적으로 헤마토코쿠스 바이오매스 건조 분말에서 에탄올/아세톤.. 유기용매 또는 CO_2 초임계 방법으로 추출 생산
- 참고 : UFDA 미국식품의약국에서는 2007년 아스타잔틴을 건강기능식품의 기능성 원료로 인정. 2012년 2월에는 기능성 신물질로 승인

• 2011년

2011년 1월, 대중 매체에서의 공중파 첫 소개 후 아스타잔틴에 대한 인기 및 수요 급증

- 미국 TV 의학프로그램 'The Dr. Oz Show 닥터 오즈 쇼'에서 Dr. Mercola 머콜라 박사가 인체 건강에 미치는 아스타잔틴의 놀라운 효능을 소개하면서 신비의 약으로 추천하며 대중의 인기↑↑ ↑↑

- 미국 하와이주 소재 싸이아노테크社: 세계적인 아스타잔틴 최대 생산기업
  - 'The Dr. Oz Show 닥터 오즈 쇼' 방송 이후: 아스타잔틴 수요 34%↑ → 시설 확장 및 생산량 2배↑ 증산 → 공급이 수요를 따라가지 못할 정도의 최고의 인기!!!
  - 참고: Cyanotech CEO Brant Bailey 曰 "주문량을 6개월 후에나 지연 배송할 수밖에 없었다!"

• 2023년 현재

이후 지금까지 지속적인 연구를 통해 적색의 아스타잔틴은 인체를 비롯한 여러 동물의 생체활성 증진에 도움이 된다는 연구 결과가 속속 발표되고 있다. 많은 과학자와 기업이 관심을 보이고 주목하며 유용성분 아스타잔틴에 대한 관련 특허 및 논문, 보고서 등이 현재까지 6,000개 이상이 발표되어 있다.

생물학적·화학적 특성

• 생물학적 특성

아스타잔틴은 미세조류에서와같이 단세포성의 작은 생물들이 살아가는 데 필수적인 물질이다. 일례로 미세조류는 광합성 중에 발생하는 자외선 등 강렬한 햇빛에 의한 손상으로부터 자신을 보호하기 위해 아스타잔틴 같은 보호물질이 있어야 한다. 이뿐만 아니라 야생에서 자라는 일부 물고기에게서도 이 성분이 필요해 어린 연어의 경우, 충분한 아스타잔틴을 섭취하지 못하면 정상적인 성장이 어렵거나 죽을 수 있다고 알려져 있다. 수생생물의 생태학적 생존에서도 중요한 역할을 한다. 왜냐하면 가시광선의 빛 스펙트럼 중 적색 빛의 파장은 물속 깊은 곳까지 들어오지 못하므로 아스타잔틴을 지닌 일부 종들은 깊은 물에서 몸체를 잘 안 보이게 하여 생존율을 높인다.

이러한 생물 보호의 기능 외에도 붉은 계열의 색소는 짝짓기 및 산란 행위에 영향을 주고, 또 다른 루테인/베타카로틴/비올라잔틴/네오잔틴.. 일부 색소는 곤충이나 동물 유인도 중요한 역할을 담당해 생물종의 보호 차원에서도 필수적인 성분이라 할 수 있다. 하지만, 인체에서는 그 기능이 달라질 수 있어 카로티노이드계 색소가 몸으로 들어오면 특정 유형은 비타민A로의 변환이 가능해진다. 또한 눈 건강, 피부 개선, 더 나아가 유전자의 발현을 제어하는 수준에서도 역할이 알려져 있다. 이외에도 많은 유익한 작용들이 보고되고 있는데 인체에는 어떤 영향을 더 줄 수 있는지 이와 관련된 내용은 아스타잔틴의 효능과 응용에서 다시 살펴볼 것이다.

아스타잔틴은 파이토케미컬 식물성 화학물질의 색소로 인체에 강력한 항산화제로 작용하며, 특정 미세조류와 곰팡이에 들어있다. 특히, *Haematococcus pluvialis* 헤마토코쿠스 플루비알리스에 가장 많이 들어있으며, 양분 부족, 고염도, 강렬한 햇볕에 과도한 노출 등의 스트레스를 받으면 보호물질인 아스타잔틴을 더 형성한다. 효모인 곰팡이/*Phaffia* 파피아 종에서도 발견된다. 하지만, 인체에 강력한 항산화제로 작용하는 아스타잔틴 생성을 잘한다고 해서 헤마토코쿠스 등을 직접 섭취할 수는 없기에 찾아낸 방안이 이들 미세조류를 먹고 사는 food chain 먹이사슬 위 생물 중 수생이나 해양에 서식하는 종들을 이용하는 것! 즉, 아스타잔틴 함유 미세조류→ 새우, 연어의 먹이 → 음식 재료 → 인체 섭취로 이어진다. 물가의 플라밍고와 같은 조류 또한 이들 먹이를 섭취한 후 몸에 붉은 색상이 나타나게 된다.

• 화학적 특성

카로티노이드계 색소는 대부분이 지용성으로 C_5H_8 이소프렌 구조 8개가 결합한 $(C_5H_8)_8$ 구조 내에 다수의 이중결합을 가진다. 다양한 식물과 동물에서 밝은 노랑에서 검붉은 빨강에 이르는 색조를 띠게 하며, 수백 종류의 성분이 알려져 있다. 이들 색소는 앞에서 언급한 탄소와 수소로 구성된 탄화수소 화합물로 *α*-카로틴과 리코펜이 대표적인 카로틴류와 그의 산화 유도체로 산소를 가지는 잔토필류로 나뉜다. 수산화기/-OH Hydroxyl, 케톤기/=C-O ketone 같은 작용기와 산소를 함유한 잔토필은 광합성 식물이나 algae 조류 세포 내 엽록소 발달과 안정성에 관여하고, 루테인, 지아잔틴, 아스타잔틴 등이 대표적이다.

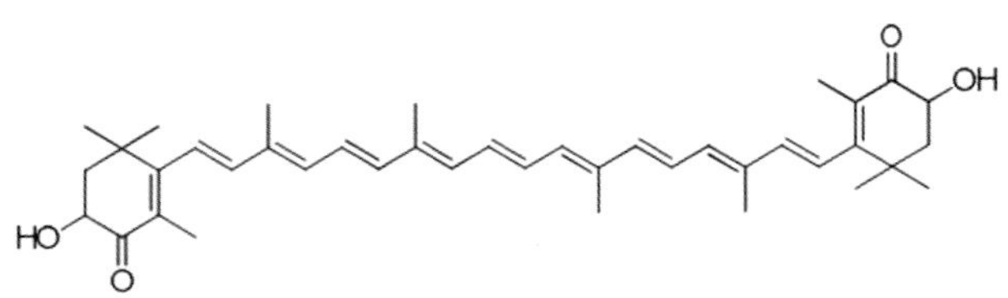

그림 10. 아스타잔틴 분자 구조(특이점: 구조 내 13개 이중결합)

아스타잔틴의 정식 chemical name 화학 명칭은 3,3'-dihydroxy-*β*,*β*-carotene-4,4'dione으로 분자식 $C_{40}H_{52}O_4$, 분자량 596.82을 지닌다. 이는 케토-카로티노이드로 5개 탄소 전구체, isopentenyl pyrophosphate 아이소펜테닐 피로인산, dimethyl allyl pyrophosphate 디메틸 알릴 피로인산으로부터 만들어진 tetra-terpenoid 테르펜으로 합성할 수 있다. 비타민A의 전구체 베타카로틴을 기본으로 하는 화합물로 양쪽 끝

말단의 수산화기와 케톤기는 강력한 항산화 능력을 갖추게 해준다. 특히, 친수기와 친유기가 있는 세포막 이중층 계면에서 아스타잔틴 분자 극성 부분의 회전은 자유기를 공격하여 무력화한다. 합성에 의한 아스타잔틴의 구조는 1975년 기술되었고, 아스타잔틴은 체내에서 비타민A로 전환되지 않기에 섭취 시 독성이 없는 물질로 밝혀져 있다.

잔토필류 아스타잔틴은 원 상태에선 (암)적색의 색소이나 자연의 게/새우/바닷가재.. 수생 갑각류 내에서는 단백질과 복합체를 형성한 상태로 존재하여 우리 눈에는 붉은색이 아닌 청록색으로 나타난다. 하지만 이들에 열을 가하면 단백질 변성 → 복합체 해체 → 아스타잔틴 유리 → 가열/산화 → astacin 아스타신으로 된다. 이것이 바로 조리된 갑각류에서 나타나는 색깔인 아스타신의 밝은 (적) 홍색이다.

• 아스타잔틴은 어떻게 생산되는가?

지금까지의 아스타잔틴의 생산 방법으로는 화학적인 합성 방법과 생합성 방법이 연구되어 있다. 이와 관련 스위스 제약회사/F. Hoffman-La Roche, Ltd 라로슈사에서 화학합성 방법을 개발했지만 천연 아스타잔틴과 비교해 매우 낮은 활성도와 아주 낮은 생체 흡수율을 보여 이는 바람직한 방법이 아닌 것으로 판명된 바 있다. 그 대신 아스타잔틴이 풍부한 헤마토코쿠스 이용 → 유용 성분 추출 → 건강기능식품/보조제로 만들어 섭취하거나 아스타잔틴을 생산하는 미생물을 이용해 아스타잔틴을 제조하는 방법이 국내외로 연구되고 있다. 특히 효모/*Phaffia rhodozyma*, 박테리아/*Agrobacterium aurantiacum*.. 미생물을 이용한 아스타잔틴의 생산 기술이나 방법에도 초점을 두고 연구는 되고 있으나 성공 여부는 아직 미지수이다. 경제성을 기준으로 한다면 비용적인 측면에서는 전망이 좋을 것으로 보는 의견도 있으나, 전반적인 시장의 규모는 그리 크지 않은 상태로 평가되고 있다.

아스타잔틴은 산업적으로 착색용이나 사료용으로 승인되어 관련 부문에서의 연구가 계속 진행되고 있다. 유용물질인 아스타잔틴의 추출은 이를 함유하는 갑각류/곰팡이/해양생물.. 생물 종들 가운데 갑각류에서 가장 쉬울 것으로 생각들을 하나, 본 성분은 적고 회분/키틴.. 다른 물질들이 더 많이 들어있어 사용에는 제한이 따른다. 대신 미세조류인 해마토코쿠스에는 약 2% 내외의 아스타잔틴이 함유돼 있어 높은 함량과 우수한 안정성이 장점으로 작용해 훨씬 더 나은 생산원료로 주목을 받고 있다.

헤마토코쿠스는 그램당 아스타잔틴 함유량이 3,800㎍/g 엄청나, 새우의 14.9㎍/g 255배, 바닷가재의 35.3㎍/g 107배, 연어보다는 0.6㎍/g

6,333배 많은 양으로 가히 차세대 항산화제로 주목받을만한 대상이 된다. 언급한 대로 새우 등 갑각류에서 추출하거나 인공적인 화학합성보다는 자연에 서식하는 헤마토코쿠스를 통해 현재까지 알려진 종 가운데 아스타잔틴 함량이 가장 많은 것으로 알려져 이들로부터 천연의 성분을 추출하려는 것이다. 이처럼 함량이 매우 높다는 장점으로 미세조류 산업화에 초점을 두는 기업들이 관심을 쏟으며 그 개발에 힘쓰는 이유다.

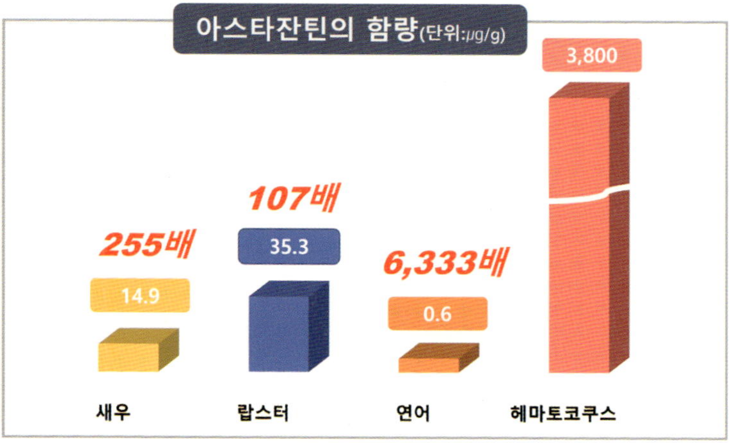

그림 11. 생물 종류별 아스타잔틴의 함량

출처[1]: https://deunsil.tistory.com/164

출처[2]: https://m.blog.naver.com/PostView.naver?isHttpsRedirect=true&blogId=joyks71&logNo=221942637895

미세조류 유래 유용물질의 사업화가 이처럼 산업계의 큰 주목을 받는 이유 중의 하나는 화학적으로 합성하는 결과물과 자연에서 얻는 생성물 간에는 생물학적으로나 화학적으로 큰 차이가 있기 때문이다. 헤마토코쿠스 추출 natural astaxanthin 천연의 아스타잔틴에서 가장 높은 생체활성을 보이는 유형은 all-trans geometric form 3S, 3'S로 synthetic astaxanthin 합성 시 → ~25% 포함되나, 천연의 경우 → ~99.5%까지 포함됨이 밝혀져 있다. 전문가들은 합성된 유형과 천연의 형태 간에 20~50배 수십 배까지 항산화력의 차이가 생길 수 있음을 의미한다고 분석한다. 이것이 천연에서 얻는 아스타잔틴을 선호하고 그 원료를 추출하기 위해 가장 좋은 대표적 후보 생물 종인 헤마토코쿠스에 관심이 지대하고 날로 인기가 높아지는 이유이다.

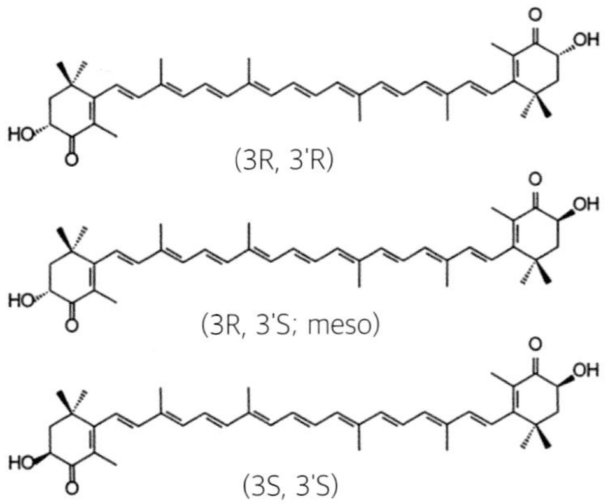

그림 12. 아스타잔틴 키랄 화학 구조 비교

출처: Hu, 2019. In Biofuels from algae, p.350

최근, 헤마토코쿠스 외에 효모 *Phaffia rhodozyma*를 이용한 대체 아스타잔틴을 생산하고 있으나, kg당 아스타잔틴 함량은 1/4 정도! 미세조류는 카이럴 구조가 3S, 3'S이나 효모는 3R, 3'R로 다르며, 아직 미세조류보다 대중적인 상품이 되지는 못하고 있다. 참고로 헤마토코쿠스 및 해양생물들이 함유한 3S-3'S 형태와 달리 석유화학 유래한 합성 아스타잔틴은 3R-3'S가 50%로 함유된 the meso form 혼합형태이다.

천연 아스타잔틴	VS	합성 아스타잔틴
합성 대비 20배 이상의 항산화 효과	항산화 효과	효과 미비
다른 천연 성분과 복합 작용이 일어남	시너지	X
천연 조류에서 추출	추출	석유 화학 합성물
15년 이상 인체에 대한 안전성 연구 진행	안전성	자료 없음
100여건이 넘는 임상연구로 효능 입증	기타 효과	입증 되지 않음

그림 13. 천연 아스타잔틴과 합성 아스타잔틴의 특징 비교

출처: https://www.wadiz.kr/web/campaign/detailPost/91989/news/129507

• 아스타잔틴은 팔방미인…?

아스타잔틴의 강력한 항산화 작용은 모두 이들의 생물학적 화학적 특징에서 기인한다. 즉, 아스타잔틴은 지용성이지만 양쪽 끝이 수용성을 띠고, 분자 내 많은 이중결합은 전자를 뺏으려 세포를 공격하는 활성산소에 전자를 주며 결합해 이들을 빠르게 중

화하는 능력이 뛰어나다. 구조적으로 카로티노이드 계열의 색소 가운데 구조적으로 ① 가장 많은 탄소의 이중결합 13개, ② 세포막을 관통하는 분자길이, ③ 양 끝 말단에 있는-OH 수산화기와 =C-O 케톤기 등의 특징을 지녀 가장 높은 항산화력을 지닐 수 있게 되었다. 그리고 분자 구조 내에 이중결합의 수가 많으면 많을수록 붉은색을 띤다. 또한, 구조적으로 크고 길어 세포막 외부에서 가장 안쪽까지 걸쳐 길게 위치하므로 세포막 내외에서의 산화로 인한 손상을 막거나 세포막 안정에 도움을 줄 수 있다.

세포막의 가장 바깥과 안쪽은 수용성이어서 수용성 항산화제가 기능을 하고, 세포막의 중간 부분은 인지질이중층의 지용성이므로 지용성 항산화제가 제 기능을 할 수 있다. 그러므로 이 수용성/지용성 두 부분을 모두 포함하는 아스타잔틴은 수용성과 지용성의 항산화 능력을 동시에 발휘하는 가장 바람직한 항산화제가 아닐 수 없다. 또한, 아스타잔틴이 세포에 접촉하면 세포 전체를 보호 → 세포막의 유동성과 강도↑ → 막 기능의 향상을 가져온다. 세포 부착 시에는 세포막과 결합구조를 이룸은 물론 활성산소 등의 유해 물질에 붙어 이를 제거해 세포 손상 및 파괴를 방지하는 등 세포 보호의 능력이 극대화된다.

혈관의 경우, 뇌 또는 눈으로 가는 혈관에는 특수 기능을 수행하는 barrier 장벽이 존재하는데, 이들 장벽은 뇌나 눈의 항상성 유지 및 안정적 기능 수행을 위해 해당 기관으로 향하는 생체분자나 이온 등의 물질 통과를 엄격히 제한하는 기능적 구조이다. 섭취한 아스타잔틴이 눈이나 뇌에 도달하면 Blood brain barrier/BBB 뇌혈관 장벽이나 Blood retinal barrier/BRB 망막 혈관 장벽의 세포를 반드시 지나야 한다. 따라서 수용성/지용성 두 부분의 특징을 모두 가지는 아스타잔틴은 가장 통과하기 어렵다는 뇌와 망막의 세포막을 잘 통과해 이들의 세포 보호 및 질환 예방 등 항산화 기능 유지에 큰 역할을 한다.

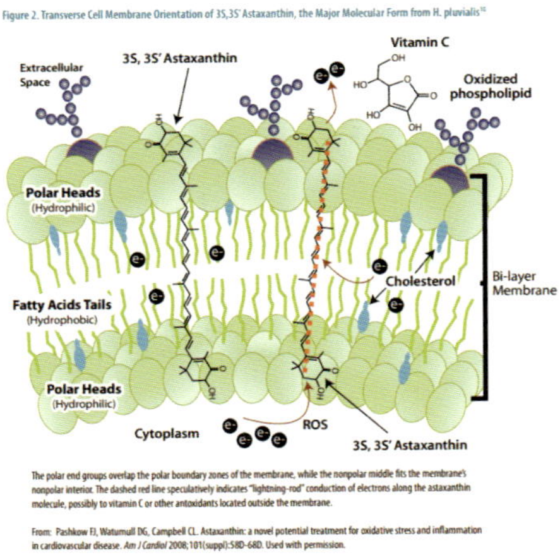

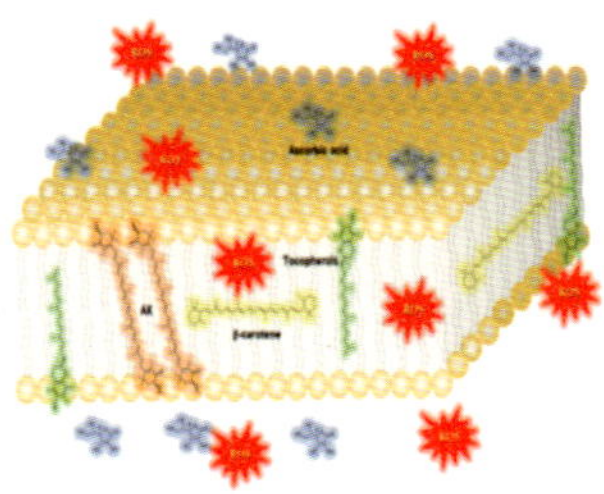

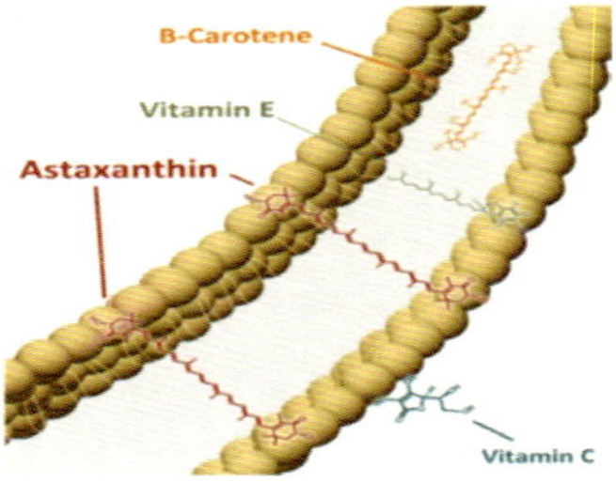

그림 14. 아스타잔틴-세포막 결합구조(상단)와 세포막을 가로지르는 아스타잔틴 통과 가능한 BBB(하단 좌측)와 BRB(하단 우측)

출처: 상단 - Kidd, 2011. Altern. Med. Rev. 16:357. 하단 좌측 - Nishida et al., 2021. Nutrients 14:107.
하단 우측 - https://igennus.com/blogs/practitioner-blog/oxidative-stress-the-big-issue

인체와 아스타잔틴

• 최고의 항산화력 차세대 항산화제

아스타잔틴이 인체에 영향을 주는 탁월한 항산화력은 수십 년 동안 진행된 수많은 연구에서 실험으로 입증된 바 있다. 현재 시장에서는 저렴한 가격의 합성 아스타잔틴이 지배적인 위치를 점하고 있지만, 건강기능식품, 화장품, 식용 색소 등 인체 관련 이용 분야에서는 엄격한 규제로 천연 아스타잔틴만을 요구하는 상황이다. 아래에서는 아스타잔틴이 인체 건강 개선에 영향을 미치는 산화와 손상, 항산화 방어시스템, 염증 완화, 지방 대사 등에서의 이들의 대표적 역할을 간략히 소개하고자 한다. 참고로 자세한 내용은 이후 인체에 미치는 아스타잔틴의 효능과 응용에서 다시 자세히 설명된다.

- 산화와 손상으로부터 보호한다!

이는 짝을 이루지 않은 반응성 높은 원자단/free radical 자유라디칼에 대한 강한 반응력에서 오는 것이다. 이 기능은 특히 인체가 강한 자외선에 노출되었을 때, 산화스트레스에 의한 피부 세포의 손상을 예방 및 방지하는 데 도움을 준다. 실험 쥐를 통한 연구 결과, 그 방지 효과는 루테인과 베타카로틴과 비교해 보면 매우 효과적인 것으로 나타난다.

- 항산화 방어시스템을 강화한다!

운동 시 생성되는 활성산소의 양은 평상시보다 더 증가한다. 그 양을 줄이거나 인체에 있는 본래의 항산화 방어시스템 강화에는 몸에 있는 항산화 효소를 활용하면 되나 그 양은 매우 소량이다. 특히, 과도한 운동 → 과한 O_2 공급 → 활성산소 생성⇈ → 평상시보다 10~15배 급격히 상승한다. 여러 요인에 의해 증가하는 활성산소에 효과적으로 대응하려면 상승작용의 비타민A/C/E, 아스타잔틴.. 항산화제 섭취 → 항산화력 증진 → 반응성 산소화합물↓, 염증매개체↓ → 악영향 최소화 → 항산화 효소재생 → 체내 항산화 방어시스템↑ 도모할 수 있게 된다. 이는 다시 세포의 항산화 시스템↑ → 간 보호에도 도움을 주는 길로 이어진다.

- 염증의 완화에 도움을 준다!

세포 내 발전소인 미토콘드리아에서 에너지 생성 과정 중 산소의 이용과 연쇄적인 전자의 이동에서 지방의 산화가 일어나면서 활성산소들이 발생한다. 그러므로 과도한 신체활동 후의 활성산소 증가는 감염으로 이어질 수 있는 염증의 매개자가 된다. 염증은 인체 면역 반응 작동에 중요한 요인이나 만성이 되면 심각한 질환으로 발전할 수 있다. 이를 막는 것이 건강에 최우선이라 할 수 있는데, 아스타잔틴의 효능 중 하나가 바로 염증 수치 저하에 도움을 준다는 것!

- 지방 대사에 영향을 준다!

아스타잔틴은 혈액 내 nitrogen oxide/NO 산화질소의 수준을 낮출 수 있어 유해 물질 제거에 큰 영향을 끼친다. 지방 대사에 영향을 주는 산화질소는 체내 대사 과정 중 아미노산의 일종/arginine 아르기닌으로부터 생성되어 포도당/지방산.. 에너지원의 산화에 영향을 준다. 지방의 과산화를 억제할 수 있는데, 세포에서 방출되는 산화질소 → 자동산화 → NOx 질소산화물로 바뀌는데, 이들은 인체에 해를 주는 물질이기 때문이다.

• *why astaxanthin now ?*

인류는 2019년 말이나 2020년 초부터 세계적으로 확산하던 법정 감염병 법정 전염병 COVID-19 코로나19를 겪으며 pandemic 팬데믹이란 금세기 초유의 상황에 부닥쳐 어려움을 겪고 있다. 전 세계 과학자들이 전력을 다해 백신과 치료제 개발, 예방접종으로 다소 해결되는 듯하였으나 또 다른 변이체가 나타나 재확산, 재유행이 언급되고 있다. 언제 끝날지 모르는 국면에서 계속 긴장을 하며 유의주시할 수밖에 없게 만들고 있다. 이런 어둡고 답답한 시기를 어떻게 대처해야 하는지 염려하며 일상을 지내고 있다고 해도 틀린 말이 아니다. 이런저런 걱정 속에 또 다른 바이러스성 질병이 다가올 수 있다는 전문가들의 경고는 우리를 더 피폐하게 만든다. 그에 대한 해결책이나 답을 찾기 위해 우리가 할 수 있는 것들에는 무엇이 있을지 염려된다.

사람들은 이런 시기를 힘들게 보내는 신약 개발에 의한 해결책이 나오기 전 요즈음, 건강을 위해 찾는 특수 기능의 천연물질에 높은 관심을 두고 있다. 이런 건강 관련 동향에 힘입어 기능성 천연물질들이 활발하게 연구 및 개발되어 건강기능식품으로 우리 앞에 등장하고 있다. 이들 산업화의 전면에는 의약품은 아니나 그에 따르는 인체의 정상 기능 유지나 생리 기능의 활성화를 통한 건강 유지 및 개선의 목표가 그려져 있다. 대표적인 것 중의 하나가 바로 항산화제들!

바이러스, 슈퍼박테리아 등 각종 병원체의 위협을 받는 현대인들은 특히 면역력과 항산화 기능 증진 관련 천연성분에 크나큰 신경을 쏟는다. 다른 스트레스/피로/디지털 기기 사용 위험 요소들도 여기에 더해 건강 전반에 관심은 그 어느 때보다도 커져 있다. 이에 스마트 건강을 위한 목적으로 식약처 인정받은 오메가-3, 아스타잔틴 등은 건강의 기능성이 입증된 천연물질로 중요한 상업화의 핫한 대상이다.

아스타잔틴 효능 중 염증 수치를 낮출 수 있다는 증거들은 많은 연구를 거쳐 보고서 및 전문 학술지 논문 등에 잘 알려져 있다. 이들의 강력한 항산화 성분은 염증↓, 면역력↑ 기능이 있어 만성적 염증 → 세포의 변이 → 악성종양 등으로 발전할 수 있는 만성 질환의 예방에 도움이 될 수 있다. 특히, 최근의 연구에 따르면 항산화 및 항염증 능력으로 코로나19 바이러스의 감염 증상에서 문제가 되는 빠른 진행의 과도한 면역반응/급성 폐 손상.. 심각한 증상에도 완화 효과가 있음이 밝혀진 바 있다.

03

헤마토코쿠스 플루비알리스

Haematococcus pluvialis

미세조류

—

Life cycle **생장 특성**

Chapter **03**

헤마토코쿠스 플루비알리스
Haematococcus pluvialis

미세조류

• Microalgae 미세조류란?

미세조류란 문자 그대로 눈으로 보이지 않는 현미경으로 관찰해야 확인 가능한 대부분 아주 작은 크기 조류들의 총칭이다. 이들은 담수나 해양에서 발견되는 식물성 플랑크톤으로 크기는 몇 ㎛/마이크론 마이크로미터 수준에서 수백 마이크로미터까지 이르는 다양한 크기를 보인다. 주로 담수 및 해양에서 발견되고, 물속이나 물가 또는 퇴적층과 퇴적물 어디에서나 비교적 쉽게 분포한다. 단세포로 생존하거나 연결된 사슬 모양 혹은 colony 군락의 형태로 서식하는 종들이 대부분이다. 미세조류는 우리에게 알려진 클로렐라, 스피루리나, 헤마토코쿠스 외에도 지구상에는 수십만의 종이 존재하고 있으며, 학문적으로는 약 6천여 종이 분류되어 있다.

광합성을 수행하는 미세조류는 지구 생태계의 다른 수많은 생물 종에는 대단히 중요한 생물이다. 이들이 수행하는 광합성에 의해 지구 대기 중 산소 전체 양의 절반 정도를 생산함은 물론, 광합성 수행 독립영양생물체로 성장 발달에 필요한 에너지원을 이산화탄소로부터 만들기 때문! 미세조류는 바이오 연료 생산 및 이산화탄소 고정, 폐수처리 외 다양한 용도로 사용할 수 있어 미세조류 유래의 유용물질을 산업화하려는 시도 또한 전 세계적으로 진행 중이다. 광합성 산물 이용으로 상업화된 분야로는 식품첨가물, 건강식품, 화장품 원료, 사료작물 등을 대표적으로 들 수 있다.

하지만 그 이면에는 이런 이산화탄소가 오늘날 지구 환경에 큰 문제를 일으키는 온실가스의 원인이 되는 기체가 된다. 현재 인류가 직면한 문제 가운데 하나가 대기 중 이산화탄소량 절감이므로, 광합성 미세조류는 매우 중요한 환경상의 해결사라고 할 수 있다. 미세조류의 이산화탄소 고정 능력 이용법이 지구온난화 문제의 해결책 중 하나로 주목을 받아 미세조류 배양 분야가 가장 괄목할 만하게 성장할 산업으로 예상되는 바이다. 환경적으로 이산화탄소 저감으로 탄소세에 관한 관심은 광합성으로 CO_2 저감에 큰 역할을 하는 미세조류 활용에 대해 더 큰 관심을 끌게 하였다.

미세조류 중 유용한 카로티노이드를 다수 함유하는 생물 종에 주목하는데, 특히 녹조류 헤마토코쿠스는 자연에 존재하는 물질 중 가장 항산화 능력이 뛰어나다고 알려진 아스타잔틴이 포함되어 있다. 특히, 고부가가치를 창출할 수 있는 헤마토코쿠스 같은 경우에는 세계적으로 지속적인 연구가 진행되고 있다. 인체 전반에 건강함을 주는 영양제로 특히, 눈이나 뇌 기능을 개선하는 영양제, 피부 개선 효과로 화장품 소재 등으로의 활용이 기대되고 있다.

헤마토코쿠스 어원을 잠시 살펴보기로 하자. 헤마토코쿠스의 Haemato 헤마토는 'blood-red 피처럼 붉다'라는 뜻과 coccus 코쿠스는 'round 원형/구형의'라는 뜻에서 유래한 합성어로 붉은색의 작은 구형의 세포라는 것으로 추정된다. 이들은 추운 북극 지방의 설원에서부터 더운 (아)열대에 이르는 바다, 호수, 하천 등의 많은 장소에서 찾아볼 수 있다. 잠시 주제에서 살짝 벗어나는 이야기를 하자면 헤마토코쿠스가 지닌 아스타잔틴 함량이 세포 자신보다 엄청나게 큰 바닷가재, 새우, 게 등의 갑각류나 연어, 송어, 플라밍고 등이 지닌 양보다 훨씬 많아 더 주목을 받는다고 해도 과언이 아니다.

바로 종 *Haematococcus pluvialis* 헤마토코쿠스 플루비알리스에 그 함유량이 다른 생물보다 월등히 많다는 점이 큰 이점으로 작용해 자연산 아스타잔틴을 얻기 위한 최상의 소재로 사용되어 가장 빠른 성장을 보일 것이다. 실제 이들은 고품질의 아스타잔틴 생산에 현재 주재료로 사용되고 있는데, 이는 햇빛, 영양분, 염분, 수온 등이 스트레스를 받는 조건이거나 생존에 위협이 되는 열악한 환경에서 세포 보호물질로 작용해 해당 환경에서 생존할 수 있게 한다.

• 아스타잔틴은 어디에 있을까?

양적인 생물자원을 뜻하는 biomass 바이오매스는 'bio 생명'과 'mass 덩어리'를 결합한 합성어로 공기 중 이산화탄소 → 광합성 → 포도당/녹말.. 당 생성 → 벼/밀/옥수수/바나나.. 식물, 미생물, 해조류 등에 저장되는 생물량을 총칭한다. 무한의 자원으로 여겨지는 바이오매스는 그 양이 엄청나 지구에 매장된 원유량보다 많다고 비유될 정도로 막대하다. 극소수 미세조류는 물속 먹이사슬에서 하위에 속하는 식물성 플랑크톤 종류로 아스타잔틴의 주요 원천이라고 할 수 있다.

현재까지 헤마토코쿠스 플루비알리스는 자연에서 가장 높은 함량의 아스타잔틴을 축적하고 있는 것으로 알려져 있으며, 통상적으로 건조 바이오매스 1kg → 20~30g 정도의 아스타잔틴을 얻을 수 있다. 이들의 생장 속도는 매우 빨라 수일 이내에 2배 이상으로 분열 증식이 가능하다. 특히, 녹색 단계 → 풍부한 양분 → 세포 증식↑ → 생장이 촉진되고, 이후 진행되면서 영양분 결핍 세포는 강렬한 햇빛을 받으면 색이 변한다.

미세조류 외 아스타잔틴을 함유하는 수생생물로는 새우, 게, 바닷가재 등의 갑각류와 연어, 송어, 도미 등의 어류에 있다. 갑각류에서는 대부분 껍질에 아스타잔틴이 집중되며, 껍질 내부 살에는 적은 양만 들어있다. 실제 남극 새우와 그 가공 폐기물로부터 추출 시 아주 소량만 추출되는데, 약 5,400*kg* 젖은 새우 껍질 → 23~30*l* 아스타잔틴+트라이글리세라이드 오일 혼합물 생성할 수 있음이 보고된 바 있다. 헤마토코쿠스 함유량에 비교할 수 없을 정도의 소량이기에 이들 미세조류 배양에 산업계가 주목하는 이유이다. 참고로 해산물을 통해 아스타잔틴을 섭취한다면 가능하다면 자연산인지 아니면 합성 아스타잔틴 사료로 양식한 것들인지 확인하는 것이 좋다. 그 이유는 앞서 설명하였듯이 합성된 유형과 자연의 아스타잔틴 간에는 수십 배까지 항산화력의 차이가 생길 수 있음이 알려져 있기 때문이다. 섭취 방법에는 미세조류를 먹고 사는 해산물 음식 재료를 통하거나, 보조제를 이용하는 방법이 있다.

Life cycle 생장 특성

헤마토코쿠스는 원래 초록빛 녹조류로 햇빛, 수온, 물, 염분, 영양분, 공기 등 환경변화에 따라 자신 보호에 아스타잔틴 강력한 항산화물질을 방출하면서 붉은색으로 변하는 미세조류이다. 발달 초기, 미성숙한 세포는 두 가닥의 편모를 통해 운동성을 가지나, 성숙하면서 편모가 없어지고 운동성을 잃게 된다. 정상적으로 생장할 때, 세포 내에는 풍부한 단백질과 ~10% 이하 소량의 지질을 갖는데, 그 지질조성은 비교적 짧은 C16, C18 다중 불포화지방산을 함유한다. 헤마토코쿠스는 질소.. 양분 부족, 강한 빛 자극 등의 스트레스 하에서는 최대 ~50% 다량의 녹말을 축적하고, 이후 세포질 내 oil droplets 지질과립에 ~40%/TAG triacylglycerol과 세포 중량의 2~4% 차지하는 아스타잔틴을 축적하는 특징 있다.

스트레스를 받는 조건에서 아스타잔틴 형성 및 축적이 촉진되는 해마토코쿠스는 독특한 생활사를 가지고 있다. 생활사에서는 이들을 크게 운동성 여부에 따라 나누고, 다시 세포 특징에 따라 적어도 4가지 이상의 형태로 구분한다. 각각의 단계와 환경에 따라 형태를 달리하며 자라고, 세포는 성장하며 점점 붉은색을 나타내면서 아스타잔틴을 축적해간다. 여러 연구에서 밝힌 이들의 생활사에 따른 형태 및 미세구조적 발달 양상은 다음과 같이 요약될 수 있다.

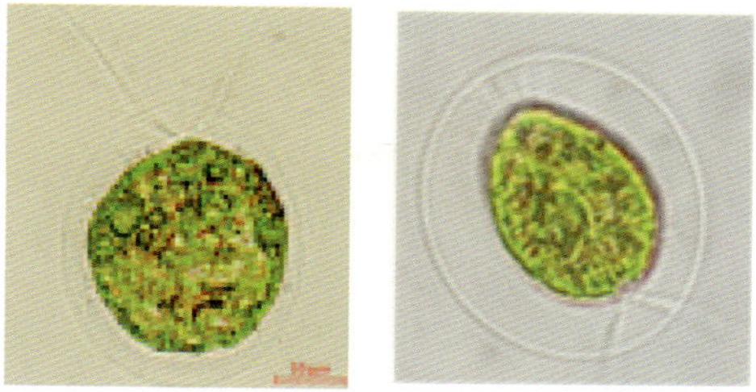

그림 15. Stage I (biflagellated cell)

• Stage I: 일명 microzoids vegetative flagellated cells, biflagellated 편모로 활발하게 운동하는 ~10㎛↓ 작은 녹색 구형~타원형 세포들의 생장 단계, 엽록체 발달, 아스타잔틴 거의 없거나 ~0.2% 극미량, 1차 세포벽 바깥 부분에 점액질의 투명한 extracelluar matrix 세포외기질 존재, 〈특이사항〉 일부 세포들 → stage II/stage III 후속 단계 거치지 않고 바로 red 레드화 진행

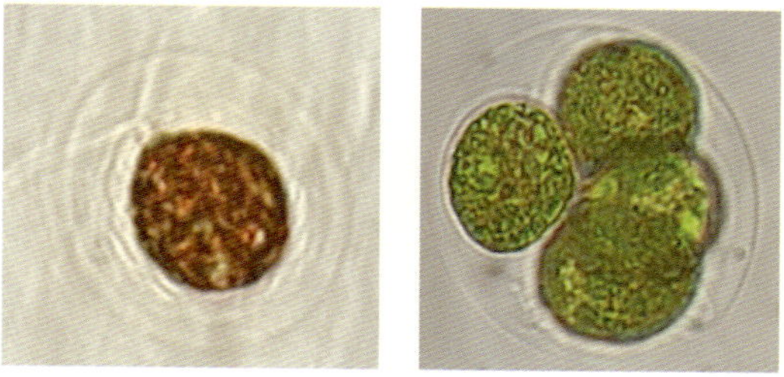

그림 16. Stage II (growing cell)

• Stage II: 일명 macrozoids cell growth and maturation, 10~20㎛ 세포 성장 단계, 모세포 세포벽 내에서 cell division 세포 증식(2^5→ 32), 편모 대부분 소실 → 활동성↓↓, 일부 세포들은 세포 중앙에서 연녹색~연주황 열게 색소 변화 시작, 세포 내 미세구조들은 지속적인 분화 발달〈특이사항〉 일부 세포들 → stage III 아래 단계 거치지 않고 바로 레드화 진행하거나 역으로 다시 stage I 앞 단계로 되돌아감

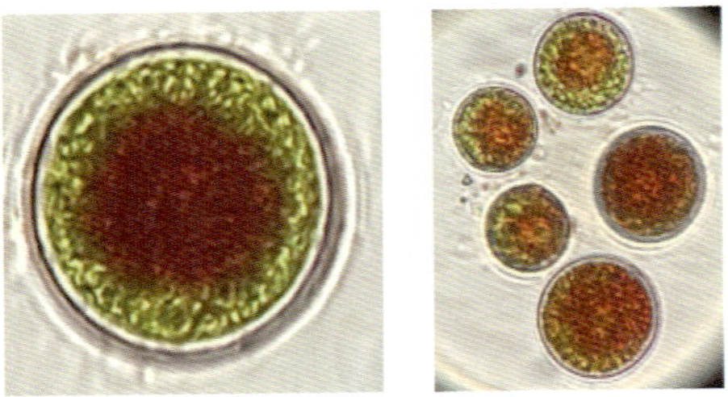

그림 17. Stage III (intermediate cell)

• Stage III: 일명 palmelloids intermediate cell development, 20~30㎛ 세포 크기 변화 크지 않으나 편모 소실로 활동성 없음, 엽록체 퇴화과정, 녹말 입자들, 녹말에 둘러싸인 pyrenoid/추정-녹말의 형성과 저장에 관여하는 단백질성 소체 피레노이드, 다양한 크기의 astaxanthin oil droplets 지질/아스타잔틴 입자들 발달, 가시적인 세포질 적색화 및 두꺼운 3층 구조의 치밀한 세포벽 형성 시작

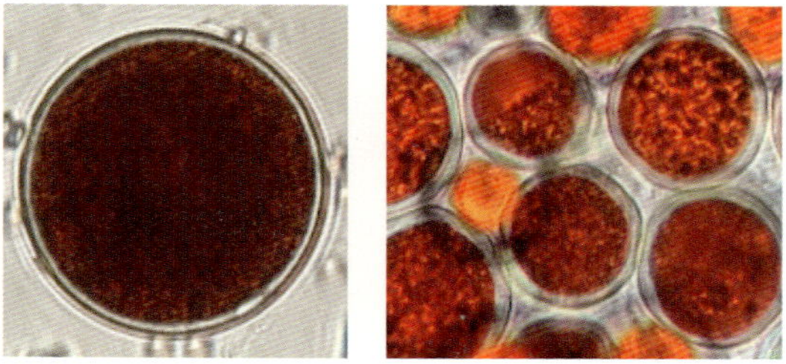

그림 18. Stage IV (aplanospore)

• Stage IV: 일명 aplanospore – encystment formation, ~50㎛ 세포들 최대 크기에 도달, cyst 내성 포자 형성, 엽록체/피레노이드 거의 퇴화, 크고 작은 아스타잔틴 입자들 fusion 융합 → 대형화, 대부분 세포 용적의 ~50%↑ 적색화, 환경 조건에 따라 일부 세포들은 다시 I단계로의 refreshment 재생 가능

일반적인 생장에서 녹색의 작고 둥근 세포들은 stage I → stage II → stage III → stage IV 단계로 대부분 진행하나, 일부 세포들은 역으로 stage I ⇄ stage II 또는 stage I → stage IV 또는 stage I ⇄ stage IV 등의 과정도 발견된다. 하지만 통상적으로 서식 환경 내 양분결핍, 높은 염도, 강렬한 빛, 높거나 낮은 온도 등 위협 요인이 존재하면 언제라도 스트레스 상태에 돌입하여 역으로 재생의 과정으로 돌아갈 수 있다. 보호물질인 세포질

내 아스타잔틴의 생성 및 축적은 헤마토코쿠스의 생존 메커니즘으로 세포 자신을 유해 요인으로부터 보호하는 방어기능의 일환이 된다.

내성 포자 형성 시기 아스타잔틴 축적에 관한 * 3-D 미세구조 연구(Yayama 등, 2013)에 의하면 생장 초기 stage I 세포 발달단계에서 41.7% → 9.7% 엽록체와 stage 4 단계 0.2% → 52.2% 아스타잔틴의 축적 간에는 반비례의 관계가 형성됨은 뚜렷하게 나타나 있다. 활발히 움직이는 녹색의 작은 세포들은 엽록체가 세포의 ~42% 주된 미세구조이나 내성 포자가 크게 형성된 시기에는 엽록체는 급격히 퇴화하여 일부분만 ~9.7% 남는다. 반면, 아스타잔틴은 초기에는 극소량만 ~0.2% 존재하나 후기에는 ~52.2% 주된 성분으로 축적되는 변화를 나타낸다. 이러한 현상은 아스타잔틴 생성 및 축적에 엽록체가 아스타잔틴의 precursor 전구체 형성에 관여한다고 할 수 있다.

※ 참고 : 세포 volume 용적당 미세구조의 구성 비율(생장 초기 stage I → 후기 stage IV)

엽록체 41.7% → 9.7%	아스타잔틴 0.2% → 52.2%	골지체 0.2% → 0.02%
녹말 3.3% → 0.6%	피레노이드 3.5% → 0.2%	미토콘드리아 0.9% → 0.3%
핵 3.5% → 0.8%	세포막 2.8% → 1.3%	기타 31.6% → 27.0%

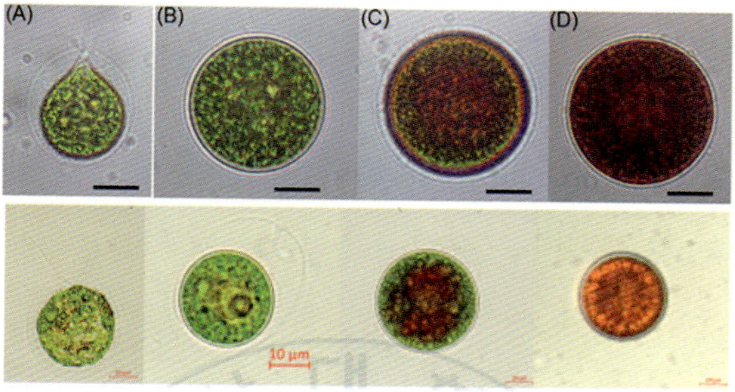

그림 19. 헤마토코쿠스 생활사(life cycle)

출처: 상단 - Shah et al. 2016. Front. Plant Sci. 7:531. 하단 - 앨지바이오(주)

• 헤마토코쿠스 내 아스타잔틴 축적과정

생장 초기 편모로 활발히 움직이는 녹색의 직경 ~10㎛↓ 작은 세포들 내에는 아스타잔틴은 거의 없으나 성장하며 핵 주변에 작은 입자들로부터 시작하여 점차 세포 전체로 확산해나간다. 다수의 엽록체 내에는 틸라코이드가 잘 발달한다. 이어 편모 소실로 운동성이 없는 20~30㎛ 중간 크기의 세포 내에는 크고 작은 지질성 입자들이 아스타잔틴을 축적하며 많아진다. 이들이 융합하는 현상이 뚜렷이 나타나고, 그 용적이 커지면서 세포 중앙 부위에서부터 색 변화가 나타나 세포질은 연한 주황빛으로 관찰된다. 아스타잔틴 함유 non-membranous lipid droplets 지질 입자들은 막으로 둘러싸인 구조가 아니어서 쉽고 빠르게 합쳐지는 것으로 추정된다. 1차 세포벽으로 이루어진 움직임 없는 정지기 초반에는 발달 초기와 같은 타원형을 유지하나, 스트레스 하의 불리한 환경에서 계속된 생장으로 2차 세포벽이 두꺼워지고 커진 원형의 ~50㎛ 큰 세포는 세포질 거의 전체가 붉은색을 띠게 된다. 헤마토코쿠스는 수온, 과도한 빛, 고염도, 양분 부족 등의 조건에서는 적색화가 가속화된다.

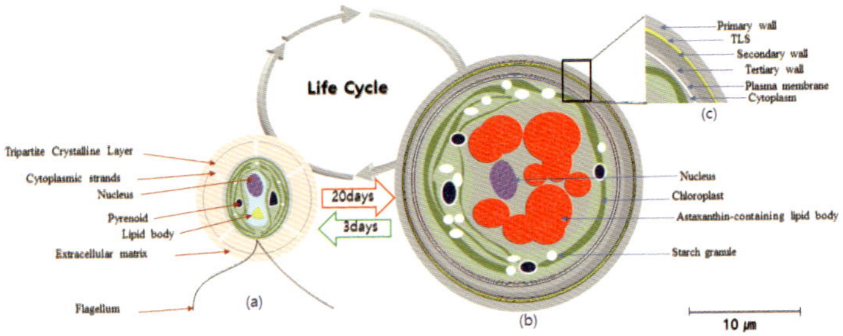

그림 20. *Haematococcus pluvialis* 생활사 및 세포벽 특징

이 과정을 세포학적 수준에서 미세구조 분화를 실시간으로 추적한 (Ota 등, 2018) 연구에서는 astaxanthin colocalized with lipid droplets 축적된 지질/아스타잔틴 입자들의 융합 및 reorganization 재구성이 10~25분 빠르게 진행되는 고도의 미세구조 간의 협력 과정임을 밝혀냈다. 지질/아스타잔틴 입자들을 갖는 단계에 강한 빛을 조사하면 새로운 입자들이 ~10분 신속히 엽록체 → 세포질로 이동 → 세포골격의 액틴필라멘트와 연계 → 엽록체-지질/아스타잔틴 입자-액틴필라멘트 네트워크 형성 → 융합 현상 → 적색의 거대화가 진행되었다. 이들을 다시 어두

운 조건에 노출하면 앞의 과정이 역으로 일어나 대형 → 작은 입자들로 체재 구성을 다시 하여 stage I로 되돌아가는 ~25분 재생의 과정이 일어남을 밝힌 바 있다.

• 헤마토코쿠스 배양

아스타잔틴을 가장 많이 함유한 해마토코쿠스는 고부가의 활용성으로 산업화를 목적으로 한 인공 배양 연구가 세계적으로 활발히 진행되고 있다. 다양한 조건의 배양으로 성장시킨 후, 그의 항산화 기능을 비교는 연구도 많아 인체와 동물에 이용하고자 한다. 하지만 다른 단세포 녹조류 클로렐라나 스피룰리나와 비교해 배양이 매우 어려운 것으로 알려져 있다. 실제 수십 년에 걸친 이들의 성공적인 배양과는 다르게 헤마토코쿠스 인공 배양은 그 역사가 비교적 짧은 편이다. 현재 상업적인 헤마토코쿠스 대량 배양을 위해 인위적으로 다양한 스트레스 조건의 환경을 조성한 후 아스타잔틴을 생성시켜 수확한 후 다양하게 추출하여 사용하고 있다. 쉽지는 않으나 물리적 환경인 빛, 수온, pH, 양분, 염도, CO_2 농도와 생물학적인 요소인 오염생물 원 제거 등을 조절해 스트레스를 받는 상태로 돌입시키면 세포 보호를 위해 세포질 내에 아스타잔틴을 최대로 축적하게 된다.

해외의 경우, 인공 배양에 성공해 유지하는 미국/이스라엘.. 기업들은 국내환경과 비교해 급격한 환경 변화를 겪는 지역은 아니나, 우리나라는 대기 온도에 차이가 있는 계절 변화로 적절한 배양수온 유지에 적지 않은 비용이 소요된다. 이는 생산 비용의 투입은 물론, 미세조류의 생장 및 분화 시간도 길어 상업화가 쉽지 않아 경제적 측면에서 사업성이 없는 것으로 분석되곤 한다. 최적의 성장에 필요한 물의 온도는 헤마토코쿠스 세포 내 DNA/단백질/지질/녹말.. 구성물질 형성에 큰 영향을 미치며, 급격한 환경의 변화는 성장 방해 및 생존율↓로 이어진다. 하지만 헤마토코쿠스 배양에 최적 온도라고 알려진 22~25℃ 온도 범위는 일반화시킬 수 없고, 배양지역이나 조건에 따라 달라질 수 있음이 여러 연구로 밝혀지고 있다. 27℃↑ 고온에서는 운동성↓, 미생물/원생동물.. 오염생물원 등의 번식이 더욱 활발해져 배양에 큰 걸림돌이 되고, 10℃↓ 저온에서는 곰팡이.. 미생물 번식과 지질/지방산 축적.. 저온 내성에 에너지가 소비되어 성장률↓ 뒤따른다.

대량배양에서 온도 조건만 고려할 경우, 우리나라는 계절별 기온의 편차가 평균 ~12.6℃ 봄, ~25.3℃ 여름, ~13.0℃ 가을, ~-0.8℃ 겨울에 걸쳐 큰 편에 해당한다. 자연에서의 인공 대량배양에 반영한다면 가장 적합한 시기는 가을~봄이 될 것이나 open culture 개방형인가 closed culture 폐쇄형 배양인가에 따라 결과는 상이하게 나타날 것이다. 계절별, 지역별, 배양 형태별, 환경 조건별 등 여러 요인에 따라 결과는 큰 차이가 있을 수 있어 이들 요인을 종합적으로 고려한 최적의 조합을 찾아내는 것이 대량배양의 성패를 가르는 관건이라 할 수 있다.

이처럼 외부 영향에 크게 좌우되고 위에 언급된 여러 대량배양의 어려움이 상당하여 지금까지 국내 항산화제 개발 및 산업화에 필요한 헤마토코쿠스 양의 대부분을 수입에 의존하는 실정이다. 이러한 문제를 해결하고 국내에서의 대량 생산과 고부가의 사업성이 예측되는 헤마토코쿠스 바이오매스 생산 기술 개발에 더 활발한 연구가 필요한 이유다. 인공적으로 효율성과 생산성 높은 생장 및 배양의 조건을 찾아낸다면 같은 양으로도 인체의 항상성 유지와 항산화 작용을 더욱더 높은 수준으로 끌어올려 건강 유지에 큰 도움을 줄 수 있을 것이다.

04

아스타잔틴의 효능

—

아스타잔틴 *a to z*

Chapter 04

아스타잔틴의 효능

헤마토코쿠스 유래의 아스타잔틴은 항산화 기능의 생리활성이 우수한 3S, 3S' 형태 구조로 여타 물질들보다 그 활성이 높은 것으로 알려져 있다. 예로 대표적 항산화제인 비타민C의 6,000배, 비타민E의 500~550배, 코엔자임 Q-10의 800배, 베타카로틴의 38~40배 등 아스타잔틴의 항산화 효과는 월등한 것으로 보고되어 있다. 개발 초기에는 자외선 차단 효과가 있어 화장품 원료로 쓰였지만, 신체 전반에 걸친 건강 개선의 효과가 검증되면서 항산화제, 영양제 원료로 급부상하였다.

다음에서는 아스타잔틴의 효능 관련한 많은 연구의 결과를 기반으로 인체에 미치는 영향을 모두 정리해보았다. 아스타잔틴은 인체 전반에 걸친 건강에서 큰 역할을 하는 유익한 물질로 인정받아 전 세계적으로 연구되고 있다. 현재까지 아스타잔틴의 독성에 대해서는 보고된 바가 없다. 국내에서는 실제 식약처로부터 눈의 피로도 개선에 도움을 준다는 기능성을 획득하여 공식적으로 인증을 받았다. 특히, 자외선 등 여러 원인에 의해 발생하는 활성산소 제거 능력과 과산화 지질 산화물질 생성억제 작용 등은 과학적으로도 잘 밝혀져 있다.

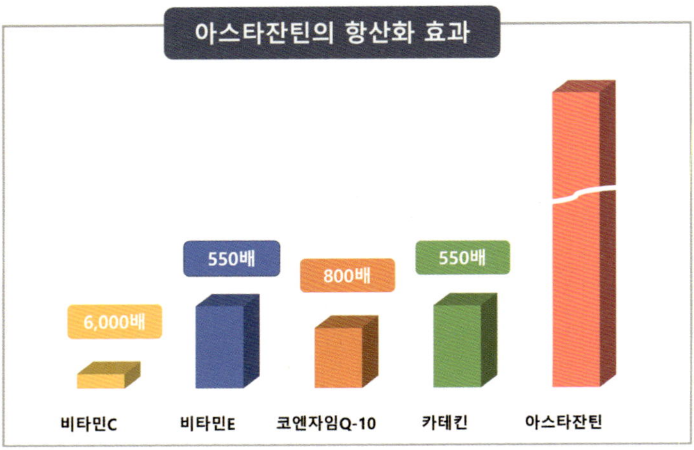

그림 21. 아스타잔틴의 항산화 효과 비교

출처: http://ncbi.nlm.nih.gov/pmc/articles/pmc501237

이렇듯 아스타잔틴의 산화물질 제거와 항염 기능은 인체의 눈 건강, 피부 개선, 면역 반응 등에 뚜렷한 효능이 있는 천연 화합물로 주목을 받아 사람들의 관심이 집중되고 있다. 그리고 원인 불명 피로 개선에도 비교적 짧은 기간에 적은 양으로도 효과를 볼 수 있어 만성적인 피로를 풀어주는데 청신호를 제시할 수 있다. 요약하자면, 현대인들이 자주 시달리는 눈이나 피부, 만성피로와 같은 증상 개선에 눈에 띌만한 효과를 준다는 것!

이와 더불어, 암 치료에서도 암세포 퇴치에 아스타잔틴이 여러 기전으로 대응하는 중요한 역할이 보고돼 이들에 관한 기대가 그 어느 때보다도 높아지고 있다. 그동안 많은 연구에서 밝혀진 아스타잔틴의 효능을 정리하면 무려 30여 가지 이상에 달하고, 이들을 임의 열거하면 다음에 이른다. *WOW~~* 1 강력한 항산화 작용, 2 염증 완화, 3 면역력↑, 4 두뇌 기능 활성화, 5 황반 변성 예방, 6 안구 건조 개선, 7 안구 보호, 8 녹내장 예방, 9 피부 노화 방지, 10 피로 해소, 11 체력 및 지구력 향상, 12 간 기능 개선, 13 비 알콜성 지방간 예방, 14 심혈관 질환 예방, 15 고혈압 예방, 16 항암 작용, 17 혈당 조절, 18 콜레스테롤 수치↓, 19 뇌졸중 예방, 20 자가 면역 질환 예방, 21 파킨슨병 예방, 22 항균 작용, 23 항바이러스 효과, 24 췌장염 완화, 25 전립선 비대증 예방, 26 정자 수↑, 27 구내염 완화, 28 위궤양 예방, 29 장내 환경 개선, 30 DHT 억제, 31 탈모 예방 등등.

아스타잔틴은 세포의 기능을 떨어뜨리는 유리기를 제거하고, 지방산의 과산화를 방지하는 효능을 가지는데, 다방면에서의 아스타잔틴의 효능은 결국 이들이 지닌 강력한 항산화력과 염증 완화에서 비롯하는 것이다. 항산화력과 염증 억제기능에 초점을 두고 많은 연구와 실험에서 밝혀진 대표적으로 알려진 효능들을 정리하면 아래와 같다.

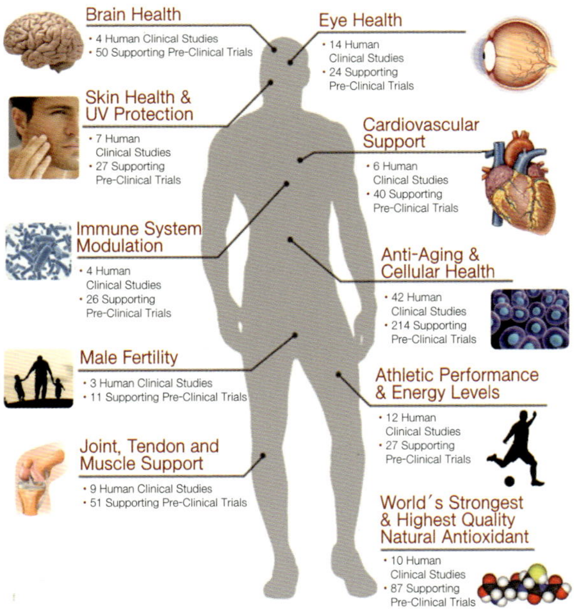

그림 22. 아스타잔틴이 인체에 미치는 영향

출처: AlgaeHealthScience
(https://www.slideshare.net/AlgaeHealthSciences/astaxanthin-clinical-research-10-health-benefits)

- 강력한 항산화 작용

아스타잔틴은 활성산소로부터 세포를 보호하여 면역력↑, 이상 염증↓, 두뇌 활성화 및 뇌 인지기능 개선, 피부 주름/탄력 상태 개선, 시력/모양체 초점 조절력 개선/모양체 염증↓, 망막 혈류↑.. 눈 건강증진, 혈류 흐름 개선, 중성지방↓/HDL↑, 근력 강화 등의 다양한 기능을 하고 있다. 이들의 강한 항산화력은 염증 완화 및 면역력 증진을 돕고, 암 등의 만성 질환 예방에 도움이 된다.

인체에 들어 온 아스타잔틴은 베타카로틴/리코펜.. 다른 카로티노이드계 항산화제와 달리 혈액-뇌-장벽 및 혈액-망막-장벽을 투과할 수 있어 항산화 및 항염증 기능으로 백내장/황반 변성.. 눈, 치매/알츠하이머병 발병 위험↓ 뇌, 중추신경계 건강에 유익함을 제공한다. 강력한 UVB 자외선 흡수 작용 → DNA 손상↓, 그리고 다른 항산화제들처럼 산화 촉진제로 변하지 않는 천연의 항염증제이다.

- 염증의 완화

염증 작용은 인체의 정상 면역 반응에서 작동하는 중요한 과정이나, 만성적으로 일어나면 암/당뇨/심장병.. 심각한 질환으로 진행될 수 있다. 이를 막기 위해 염증을 잘 다스리는 것이 중요한데 아스타잔틴은 항염증 작용에도 탁월한 효과를 보여 염증 수치를 낮출 수 있음이 동물실험에서 증명되어 있다. 쥐 안구에 포도막염 염증을 유발한 실험연구에서는 아스타잔틴을 투여받은 해당 쥐에서 염증이 현저히 억제되었다.

또한, 피부에서의 염증 억제도 건강한 피부를 유지할 수 있게 해준다. 자외선이나 다른 원인에 노출되면 피부는 빠르게 주름/거친 피부/기미.. 노화가 진행된다. 주름 형성에서 원흉이 되는 자외선은 피부 진피층 → 활성산소 발생 → 주름을 만든다. 이때 아스타잔틴이 피부 주위에 있다면 이들의 강한 항염증 작용 → 표피 염증↓ → 진피층 콜라겐 분해를 지연 또는 억제할 수 있다. 한 연구에 의하면 인체를 대상으로 중년 여성/아스타잔틴 6㎎/12㎎, 16주 섭취 실험한 결과, 아스타잔틴 섭취군이 위약 투여군보다 피부 주름의 악화가 심하지 않은 것으로 나타났다.

아스타잔틴에 의한 장내 환경 개선도 연구된 바 있어 밝혀진 바로는 식도 역류 증상이나 장내 세균 유익균↑/유해균↓ 비율에 개선이 있고, 이외 콜레스테롤 수치, ⇳ 불임, 류머티즘성 관절염, 피로 개선 등에도 여러 효과가 있다고 한다. 최근의 연구에서는 이들이 지닌 항산화 및 항염증 능력을 바탕으로 코로나19 감염 증상인 과도한 면역 반응, 급성 폐 손상, 급성 호흡기 증후군 및 패혈증에도 완화 효과가 있음이 밝혀진 바 있다.

또한, 알려진 효능 중 염증 수치를 낮출 수 있다는 증거들은 많은 연구 결과에서 나오고, Marine Drugs/2015년 해양 의학 분야 전문 학술지에서 언급한 아스타잔틴의 항암 효과 내용을 살펴보면 좋을 것이다. 만성 염증 시 → 세포 변이 → 암 발생의 가능성이 커지는데, 이때 아스타잔틴을 접하면 강력한 항산화 성분 → 암세포 확산↓ → 염증 완화 → 면역력↑ → 암.. 만성 질환 예방에 일조를 할 수 있다. 염증 반응은 인체로 들어온 병원체 등의 이물질에 대해 몸의 면역시스템 → 대응 및 자극 물질 합성 → 인터류킨.. 염증 전달물질 생성으로 일어난다. 이는 각종 알레르기, 천식, 류머티즘성 관절염, 암 등의 발생과 관련이 있다.

유전자 및 단백질 발현의 정도를 관찰한 한 연구에서도 강한 사이토킨 일종 인터류킨 억제반응 → 종양 성장억제 효과가 있다는 것이 결과에서 발견되었다. 염증 반응 유발 분자들의 유전자 발현 효과 추적에서 아스타잔틴은 염증을 유발하는 분자들을 조절할 수 있는 능력을 갖추고 있음이 밝혀졌다. 항암 효과를 알아보기 위해 쥐/3주간/아스타잔틴 투여 동물실험을 했을 때, 아스타잔틴 섭취한 경우엔 종양 세포 전이가 발견되지 않았다고 한다. 하지만 미 섭취의 경우엔 전이 속도가 매우 빠르게 진행되어 아스타잔틴이 종양 성장에 억제 효과가 있는 것으로 나타났다. 인체 적용 시 결과는 아직 모르나 실험 쥐의 경우 적어도 아스타잔틴이 항염 및 항암 역할을 지닌 뛰어난 성분이라 할 수 있다.

- 면역력 강화

면역세포의 세포막에는 다른 세포 유형보다 불포화지방산이 많이 포함되어 있어 산화 과정에서 오는 스트레스에 더 민감해 활성산소/질소화합물.. 산화물을 더 많이 생성하는 것으로 알려져 있다. 유해 산화물이 생기면 이를 제거하는 항산화 장치가 신속히 작동해야 면역세포들은 정상적인 면역의 기능을 다 할 수 있다. 아스타잔틴은 강력한 항산화 기능으로 면역세포 활동에서 발생하는 이들을 빠르게 제거해 면역력 증진을 도모할 수 있다.

미국 대학의 워싱턴 주립대: 건강한 여성 42명/8주간/아스타잔틴 2㎎ 섭취 → 염증 수치/CPR 생성↓ 밝힘 연구에서는 아스타잔틴이 산화스트레스↓/염증↓ → 인체 면역 반응↑ 결과를 발표한 바 있다. 또 아스타잔틴이 혈액 내 산화스트레스↓ → 혈관 내피 보호 → 심장 손상을 역전시키거나 예방할 수 있음을 연구한 사례도 있다. 2017년 발표된 한 연구에서는 아스타잔틴이 심혈관 손상을 복구하는 데 도움이 될 수 있음을 발견하여 International Journal of Nano Medicine 국제 전문학술지에 게재하여 알리기도 하였다.

잘 알다시피 면역세포의 정상적 기능에서 활성산소 유리기의 생성 vs. 제거 간의 균형은 매우 중요한 요소이다. 항산화제 투여 시에는 면역세포인 T세포의 기능이 증진되어 병을 예방하는 효과가 있다. 이처럼 아스타잔틴은 면역시스템에 영향을 주어 면역의 주체인 T세포, 자연살해세포 NK세포의 활성화 및 염증 완화에 도움이 될 수 있다. 항산화제를 통한 면역력↑ → 암 예방 효과도 있고, 이러한 면역증강 효과는 특히 건강이 취약한 상태에서 더 뚜렷하게 관찰된다. 어느 동물실험의 결과 발표에서는 아스타잔틴이 쥐 비장의 T-helper cell T세포에 영향을 주어 항체 생산을 증가시킨다는 보고가 있다.

- 눈 건강 개선

단일항 산소는 망막 노화의 유발원으로 이를 제거하는 일은 매우 중요한데, 아스타잔틴은 단일항 산소 제거력이 있어 자외선 과다노출 시 → 망막 손상 예방 → 시력을 보호해준다. 아스타잔틴은 루테인/지아잔틴.. 다른 항산화제와 함께 눈 건강에 도움을 주는 물질로 잘 알려져 있는데, 노화로 나타나는 황반 변성의 현상이 덜 일어나는 것이 여러 연구에서 확인되었다.

- 황반 변성 예방 – 아스타잔틴은 망막 노화 유발원 단일항 산소를 제거하고, 자외선 과다노출에 의한 망막 손상을 예방하여 시력을 보호해준다. 특히 아스타잔틴

은 다른 항산화물질과 비교해 크기가 분자량 596.82/뇌혈관 동맥의 1/10 작아서 혈액과 눈 사이의 얇은 BRB/혈액-망막-장벽 망막 혈관을 쉽게 통과 → 망막 혈류량↑ → 혈액순환 원활 → 황반 변성 유발원 억제는 물론, 망막 혈류량↑ → 눈가 근육의 수축/이완 도움 → 눈 피로↓ → 눈 보호 기능으로 이어진다. 아스타잔틴이 황반을 구성하지 않으면서 항산화 기능을 유지하여 더 높은 황반 방어 능력을 만들어낼 수 있다는 점은 주목할 만하다.

- 녹내장 예방 - 쥐 망막 신경절 세포에 아스타잔틴을 투여 후 망막 신경절 세포 생존율 상승이 보고되었던 적이 있다. 신경절 세포 생존율↑ → 신경보호 효과 있음을 의미하며, 녹내장은 시신경 질환이기에 아스타잔틴의 항산화 성분이 녹내장에도 도움이 될 가능성을 시사한다.

- 안구 건조 개선 및 보호 - 안구의 건조는 눈물의 생성이 정상적으로 안 되거나, 과다 증발로 안구 표면이 건조해지는 증상이다. 아스타잔틴과 추출물 등이 섞인 보조제가 눈 건조에 도움을 준다는 결과가 발표되면서 관련 연구들이 수행되었다. 눈의 피로를 겪는 사람들을 대상으로 *4mg* 아스타잔틴과 다중의 식이 보조제 등을 4주간 먹게 한 후의 비교 연구

에서 흐린 시야의 현저한 개선이 발견되었다. 이 연구는 아스타잔틴, 루테인 등의 항산화제를 함유하는 보조제가 눈 피로 관련 조절력을 개선하는 효과가 있음을 보여준 예이다. 여러 임상실험을 통해 눈의 피로를 개선해주는 효능이 확인되었다.

백내장, 황반 변성 등은 인체가 노화되는 과정에서 발생할 수 있는 증상이지만, 개선되면 눈을 사용해서 사는 삶의 질이 달라진다. 아스타잔틴은 산화 손상으로부터 안구의 망막세포를 보호하여 시력 손상을 막고, 섭취하면 눈의 피로감을 줄어들게 해준다는 경험자들의 평가가 있다.

최근, 우리나라에서 시판되는 눈 영양제 보조제는 대부분 루테인과 아스타잔틴이 들어가 있는데, 일반적으로 포함되는 주요 구성성분으로는 루테인, 아스타잔틴, 오메가3, 안토시아닌 등이 있다. 눈 개선기능 관련 보조제에 아스타잔틴이 들어가는 이유는 무엇일까? 인체의 중요한 부위에는 장벽이 존재하여 외부에서 유입된 물질들이 함부로 들어갈 수 없는 곳이 있다. 바로 뇌와 눈이 여기에 해당하는 기관으로 뇌/눈으로 들어가기 전 반드시 거쳐야 하는 관문이 바로 혈액-뇌-장벽/혈액-망막-장벽이다. 그러나 아스타잔틴은 분자량 596.82 크기가 작아서 이들 장벽을 쉽게 통과해 유용성분이 뇌와 눈으로 잘 전달될 수 있도록 도움을 준다.

지질 함량이 매우 높은 세포들로 구성된 뇌와 눈은 세포의 활동이 많아서 쉽게 산화될 수 있는 대표적 기관이다. 세포 활동 즉, 물질대사가 활발한 곳은 활성산소의 발생도 높을 수 있어 이들이 산화되면 과산화지질 등이 되어 기억력↓/인지기능↓/치매.. 뇌의 기능 장애나 망막의 질환 등 질병으로 발전할 수 있다. 아스타잔틴은 이들 장벽을 자유롭게 통과해서 질환 예방 및 기능 개선에 중요한 역할을 할 수 있다.

※ 참고: 망막 모세혈관 혈류 실험 일본 사례 :
아스타잔틴 6 ㎎/4주 동안 섭취 - 대조군보다 망막 혈류관 개선/눈 건강도↑
아스타잔틴 5 ㎎/1개월 섭취 - 눈의 피로 54%↓/눈의 초점 조절력 개선

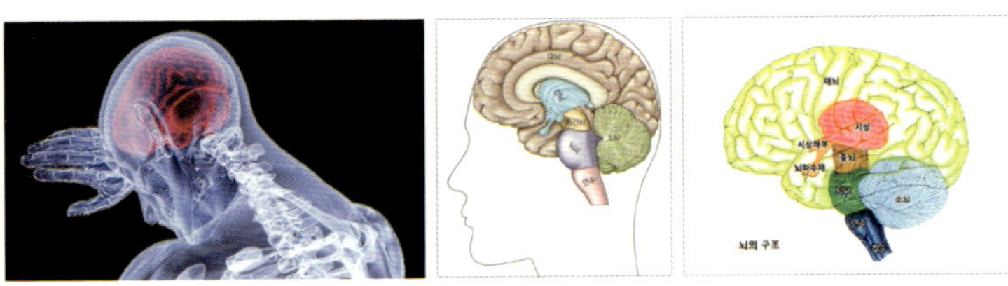

그림 23. 사람의 뇌

출처: 중앙 - 오. 2017. 생명과학 I . p.83

– 인지 기능 개선 **두뇌 기능 활성화**

항산화제는 몸에 부담을 주는 산화스트레스↓ → 인체 기능 효율성↑ → 인지력↑ 가능성을 높인다. 뇌에서의 활성산소 증가는 치매와 같은 심각한 병을 앓게 하는 원인이 될 수 있다. 항산화 성분이 풍부한 아스타잔틴은 치매 원인물질 베타아밀로이드 유발 독성으로부터 뇌세포 보호 → 치매/알츠하이머.. 병 예방/정신적 피로감↓ → 뇌 이해력↑을 돕는다. 이와 관련된 연구는 지금도 전 세계에 걸쳐 활발하게 진행되고 있다.

일례로 2011년/일본/도호쿠대학/중년+노년 대상 해외 연구에서는 아스타잔틴이 적혈구의 항산화 상태 개선 및 세포막의 치매 위험인자 산화 지방 축적↓ 결과를 발표하였다. 또 다른 실험에서는 아스타잔틴을 섭취한 뇌졸중 실험 쥐의 학습 수행 능력↑, 외상성 뇌손상 실험 쥐에게선 뇌 부종↓ 및 회복 속도↑ 현상을 보였다. 이상의 결과에서처럼 아스타잔틴은 강력한 항산화 및 항염증 기능으로 인지기능 유지는 물론 뇌 신경보호에도 도움을 주는 것으로 나타났다.

또 다른 기능으로 뇌의 노화를 늦추는 것이 있는데, 최근 여러 연구의 실험에서 아스타잔틴이 뇌의 노화 관리에 영향을 미치는 뇌 신경 보호의 많은 경로를 확인하였다. 특히, 아스타잔틴의 신경보호 성분은 산화스트레스↓, 염증↓, 미토콘드리아 기능↑, 노화에 따른 유전자 발현 조절 장애 개선 등으로 노화의 속도를 늦출 수 있다고 평가받고 있다. 즉, 신경학적 노화 과정이 인지기능에 직접 연결되어 있어 이를 통한 신경의 보호로 뇌의 노화를 늦출 수 있다는 결론을 내고 있다.

- 피부 노화 방지

아스타잔틴을 '먹는 UV 자외선차단제'라고 언급한 말을 듣고 놀란 적이 있다. 그 정도로 피부에 강력한 장벽 역할을 한다는 이야기인지 의구심이 들어서…. 자외선 기인 단일항 산소 활성산소는 피부에 누구도 원치 않는 주름/기미/점/검버섯.. 노화의 흔적을 남겨 그 형성을 막거나 없애는데 아스타잔틴은 큰 도움을 줄 수 있는 항산화제이다. 자외선의 유해 영향 분산은 물론 유해 요소로부터 피부 보호 역할을 하기에 자외선 차단용 화장품 원료로 쓰이기도 한다.

피부는 이물질로부터 인체를 보호하는 가장 바깥 장벽으로 UV/열/적외선/방사선.. 외부 요인에 대해 방어막을 형성하는 역할을 한다. 특히, 자외선은 세포 기능의 변화 → 피부 손상 → 색소의 침착에서 피부암까지 이어질 수 있다. 세포의 DNA/단백질/지질.. 구성분에 손상을 주는 단일항 산소/과산화수소/수산화 수소.. 활성산소는 노화의 주범으로 피부 각질 세포의 염증과 세포사멸을 유발한다. 이렇게 사멸과정에서 방출된 활성산소는 항산화제에 의해 억제됨이 아스타잔틴 실험에서 증명되었다. 인체 표피 각질 세포에 아스타잔틴 전처리 후 자외선에 노출하였을 때는 전처리 없이 노출한 경우보다 활성산소의 생성이 현저히 감소하였다. 이후 다른 연구들에서도 아스타잔틴은 피부 상태 개선의 유사한 결과, 즉 피부 주름 완화, 피부 수분량↑, 피부염 개선, 색소침착 완화, 피부 재생 등의 효과를 발표하였다. 과학자를 비롯한 일반인들도 아스타잔틴의 활성산소 제거 능력 → 항염증/면역억제 → 피부 노화 방지기능으로 이어질 수 있음을 믿는 바이다.

- 피로 해소

- 피로 개선 - 아스타잔틴은 피로 개선에서도 큰 효과를 볼 수 있어 만성피로에 힘든 현대인들에게 그 해소에 좋은 대안이 될 수 있다. 아스타잔틴의 항산화력을 통해 근육의 피로를 조절하는 것이 가능함을 실험한 연구에서는 운동과 아스타잔틴 섭취를 병행했을 때의 장점을 언급하였다. 결과에서는 과도한 운동 후 근육 손상 야기 젖산의 수준↓, 근육세포 내 pH ↓ 억제 → 근육 피로 개선 → 지구력↑ → 운동 수행 능력↑ 까지도 가능함을 제시하였다.

- 체력 및 지구력 향상 - 운동 능력의 향상에서도 탁월한 효과를 보인다고 한 동물실험에서 연구된 바 있다. 유산소 운동과 아스타잔틴 효과 관련 흰쥐 대상

연구에서 아스타잔틴 투여 실험군은 간에서의 글리코겐 축적↓, 운동시간/지구력↑을 나타내었다. 아스타잔틴 투여+유산소 운동 → 지방↓, 총콜레스테롤↓, HDL↑ 효과를 보여주었다. 아스타잔틴의 섭취는 결과적으로 운동 유발 산화에 따른 스트레스 억제로 운동 능력에 영향을 미친 것으로 나왔다. 아스타잔틴은 이렇게 지방 과산화↓, 세포의 항산화 시스템 자극 → SOD 활성↑.. 간 보호의 기능을 수행하는 것으로 알려져 있다.

아스타잔틴을 섭취하게 되면 항산화 효과로 인하여 미토콘드리아의 산화스트레스를 예방할 수 있어 운동으로 인해 생긴 피로감을 완화할 수 있으며 운동 능력 향상에도 도움이 된다. 아스타잔틴이 활성산소를 제거하여 미토콘드리아가 더 많은 에너지를 생성할 수 있게 돕기 때문에 피로감이 줄어들면서 활력을 얻을 수 있게 된다. 2006년/국제 약리학술지/Biological & Pharmaceutical Bulletin 이전에 발표된 동물연구에서는 아스타잔틴 투여 실험 쥐가 지구력↑ → 장시간 헤엄 능력 발휘하는 것을 관찰한 바 있다.

- 혈관 건강 개선

  - 심혈관 질환 예방 – 심장 관련 질병은 현대인 주요 사망원인 중 하나로 전 세계적으로 문제가 되는 병

이다. 인체 내 산화스트레스와 염증 반응은 심장병 사망에서 주원인이 될 수 있어 항산화제를 이용한 방안이 연구되고 있다. 꾸준한 아스타잔틴 섭취 → 산화스트레스↓/염증 수치↓ → 동맥 내 지방/콜레스테롤 과산화↓ → 고혈압/동맥경화/심근경색.. 심혈관 질환 예방에도 효과적이다. 이러한 결과들은 많은 임상의 연구를 거쳐 Marine Drugs/Future Medicine.. 전문적인 학술지 등에서 여러 번 소개되었다.

- 콜레스테롤 수치↓ – 혈관 내 콜레스테롤의 축적 → 동맥 좁아짐 → 혈행 속도↓ → 혈액순환 문제 발생은 물론, 심해지면 뇌졸중이나 심장마비의 위험이 커진다. 연구들에 따르면 아스타잔틴이 동맥에 쌓인 지방/콜레스테롤 제거에 도움을 주는 효과가 있고, 실제로 심·뇌혈관 질병 예방, 세포 내 지질대사 개선, 고지혈증 완화 효과를 보일 정도로 혈관 건강에 도움이 되는 성분이라는 것이 밝혀졌다.

※ **참고:** 아스타잔틴 보조제의 당뇨병 개선 효과를 연구한 어느 실험에서는 아스타잔틴 8 ㎎/8주간, 하루 1회 투여 시 → 혈관 내 지질 산화 방지 → 혈청 내 지방분해 호르몬 아디포넥틴 농도↑, HDL↑, 내장 지방량↓, 중성지방/LDL↓, 수축기 혈압↓ 결과 확인되었다. 이러한 결과로부터 혈관 내 지질 성분의 산화 방지 → 혈액 응고↓ → 혈류↑ → 깨끗한 심혈관 → 심혈관계 질병 발생률↓ 효과를 기대할 수 있다.

- 혈당조절 – 현대인의 대표적 대사질환인 당뇨병의 경우, 고혈당은 인체에서 높은 수준의 산화스트레스

를 일으킨다. 산화스트레스는 인슐린 합성을 담당하는 베타세포 췌장의 손상을 일으킬 수 있는데, 아스타잔틴의 활성산소 제거/지질 과산화 억제 강력한 항산화력 → 췌장 세포 기능 유지 → 당뇨병 개선에 도움이 된다. 2018년 수행된 이란-아바즈공립대/제2형 당뇨병-44명/8주 임상실험 외국의 연구에서는 아스타잔틴 섭취 8주 후 → 혈당 조절력, 혈중지방 수치 개선, 혈압 감소 등을 확인할 수 있었다.

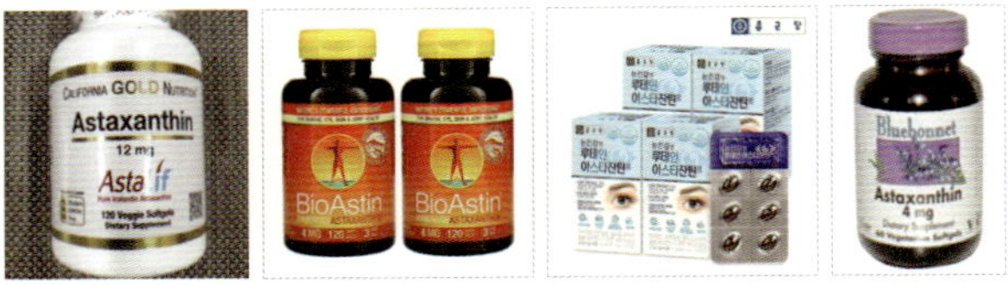

그림15. 시판되는 아스타잔틴 제품들

• 섭취 용량은…?

눈 건강과 관련된 여러 연구에서 보면, 아스타잔틴과 루테인이 함께 언급되곤 하는데 그 이유를 알고 있는지…. 루테인, 지아잔틴이 시력을 담당하는 눈의 뒤쪽, 황반의 구성성분이라면 아스타잔틴은 눈의 앞쪽에 작용해서 눈의 피로도를 줄여준다고 알려져 있다. 이에 눈 건강을 위한 보조제를 고를 때는 꼭 이들과 아스타잔틴이 함께 들어있어 눈의 앞과 뒤를 모두 다 관리할 수 있는 브랜드 선택이 좋을 것이다.

아스타잔틴은 눈의 앞쪽에서 다른 항산화제들보다 월등한 항산화력으로 눈의 피로도를 줄여 눈의 건강을 개선하여 준다고 해도 틀린 말이 아니다. 아스타잔틴 6㎎ 섭취 실험에서는 눈 초점 조절 근육 모양체의 피로도↓ → 수축/이완 속도 개선이 보고되었다. 또한, 같은 양 섭취에서 망막 주위 모세혈관 내 혈류량↑ → 영양공급/노폐물 제거에 도움이 되는 것도 발견되었다. 눈 관리에는 루테인/지아잔틴과 함께 들어있는 체내 생성 불가능 아스타잔틴 6㎎ 함량을 확인하는 것이 현명할 듯!

• 하루 권장량과 복용법

아스타잔틴은 인체가 스스로 만들지 못하므로 음식이나 보조제를 통해 섭취해야 한다. 먹거리 중에서는 연어에 들어있으나 그 양은 ~15.874㎎/100g 충분하지 않아 보조제 1개의 4㎎ 아스타잔틴과 같은 양을 섭취하려면 연어 살을 340g 이상, 새우는 1㎏ 정도를 먹어야 한다는 계산이 나온다. 하루 권장량은 하루 4~5㎎, 신체 활동이 많은 사람의 경우, 하루 12㎎ 복용을 권장하며 4㎎ 수치는 하루에 연어 400~450g 먹어야 하는 양이다. 아스타잔틴 하루 권장량 기준은 4~12㎎이며, 시중 판매제품의 최고량 미국 FDA 허용 12㎎까지는 하루에 섭취하기에 무리가 없는 양이라고 보면 된다.

아스타잔틴 적정량/적정 기간 섭취 관련 인체에 나타나는 부작용에 초점을 두고 실시한 연구는 아직은 없는 것으로 조사되었으나, 허용기준에서 벗어나거나 민감한 체질에서는 부작용이 있을 수 있다. 또한, 1일 권장량을 초과하여 장기간 복용할 때 문제가 발생할 수 있다고 한다.

• 유의할 점

헤마토코쿠스 추출물이 천연의 항산화제로 장점이 많은 화합물이지만 복용 시 부작용이 없다고는 할 수 없을 것이다. 부작용으로는 복통이나 설사 등이 언급되고, 붉은 색소이기에 배변 시 붉은색이 나타날 수도 있다. 과다섭취 시, 일시적인 피부색 light yellow 변화가 일어날 수 있으나 섭취를 중단하면 피부색은 되돌아온다. 음식을 통해 섭취하는 아스타잔틴의 양은 과다섭취를 크게 신경 쓰지 않아도 되지만, 보조제를 이용할 때는 과다섭취를 신경 써야 한다. 혹여 다른 카로티노이드계 보조제나 해조류 추출물 섭취에서 알러지 경험이 혹시라도 있다면, 유사한 가려움/두드러기.. 알레르기 반응이 나타날 수 있다. 그리고 특정 새우/가재/게.. 갑각류에 대한 알레르기 반응은 아스타잔틴에 대해서도 같은 반응이 있을 수 있어 섭취 전 알레르기 테스트를 먼저 해서 음성인가를 확인한 후 각별한 주의를 기울여 섭취해야 한다. 이외 매우 드물지만, 부작용으로 혈압이나 혈중 칼슘 농도 감소, 피부 색소 침착, 호르몬 균형

변화 등이 언급된다.

베타카로틴 등과 함께 섭취 시, 베타카로틴의 섭취를 저해할 수 있다고 하며, 수유기 혹은 임산부 경우에도 검증된 자료가 충분치 않아 아스타잔틴의 섭취를 권장하지 않는다. 아스타잔틴이 성호르몬 생성에 영향 주는 효소 활동을 저해할 수 있다는 추정과 모체 내 태아 발달에 필요한 성호르몬 생성에 방해될 수 있다는 보고가 있어 주의가 요구된다. 또한, 호르몬에 민감한 상태이거나 면역 상에 장애가 있는 경우에도 아스타잔틴의 섭취를 금하는데, 아스타잔틴의 효과 중 남성의 생식 능력증가 생식 호르몬에 영향을 줄 수도 있음이 언급된 바 있다. 유의할 점과 관련된 연구는 많지 않아 어떠한 영향이 있을지 모르기 때문에 위의 경우들에는 섭취하지 않는 것이 좋을 것이다.

그림 25. 헤마토코쿠스 대량배양(부록 참조)

출처: 좌측/중앙 - 앨지바이오(주), 우측 - Satpati & Pal. 2018. J. Algal Biomass Util, 9(4):19.

05

연구개발 및 관련 산업 현황

연구개발 현황

—

국내외 시장 규모

—

전망과 비전

Chapter **05**

연구개발 및 관련 산업 현황

미세조류 개발은 미래를 이끌어나갈 유망한 생명 자원이라 할 수 있는데, 이를 잘 활용하는 길은 곧 21C 국가적인 성장동력이 될 수 있기 때문이다. 그 목적으로 차세대 항산화제로 주목받는 미세조류 유래 유용물질인 아스타잔틴이 있다. 국내외 여러 기업이 관심을 두고 제품 생산을 위한 천연의 아스타잔틴 원료 확보에 힘을 기울이고 있다. 또한, 많은 제약기업들이 아스타잔틴과 헤마토코쿠스를 사용한 건강기능식품 개발과 생산에도 심혈을 기울이는 추세이다. 이와 함께, 학계는 물론 대중 매체에서 세포의 노화와 비정상적 분열로 암이 생기고, 그 원인이 과도한 활성산소 생성이라 연일 말하고 있어 사람들은 그 제거를 위한 항산화물질에 많은 관심을 쏟는다. 스트레스, 정크푸드, 운동 부족 등에 노출된 현대인들은 자신의 건강을 위해 건강을 가져오는 기능성 식품, 즉 건강기능식품을 섭취하려는 욕구를 강하게 보여주고 있다. 이런 사회적 분위기와 다수의 선행 연구에 비추어 볼 때, 아스타잔틴 시장은 지속적인 상승세를 보일 것으로 예측할 수 있다.

연구개발 현황

• 국내·외 동향

- 국내 동향

미세조류 바이오매스를 활용한 연구 및 기술 개발은 위와 같은 흐름에 힘입어 비교적 활발히 이루어지고 있다. 또한, 바이오디젤 생산을 위한 미세조류 대사 재설계 및 형질전환 기술 개발도 추진되고 있다. 형질전환 기술 중 최신 기술 적용으로는 카로티노이드계 물질 생산을 증대시키는 연구가 진행되고 있다. 특히, 미세조류의 산업적 이용 가치가 높아짐에 따라 각 미세조류의 고유 형질을 이용한 다양한 기능성 생리활성물질, 식품 및 친환경소재 등이 집중적으로 연구되고 있다.

이를 반증이나 하듯, 21세기 들어서는 2006년 초반부터 관련된 연구논문 및 특허가 급증하고 있다. 하지만 이를 산업화에 이르는 단계까지 이어진 경우는 대량배양이 쉬운 클로렐라, 스피룰리나를 제외하고는 거의 없는 실정이다. 사람들이 원하는 물질은 최고의 항산화 기능을 갖는 미세조류로 지목된 아스타잔틴의 경우, 배양 조건이 매우 까다로워 대량배양까지는 국내에서 성공한 적이 없다. 국내의 한 연구에서 안구 개선에 도움을 주는 황반색소를 다량 생산할 수 있는 균주 개발에 성공은 하였으나, 아직은 실험실 수준에서의 소규모 생산에 머물고 대량화 및 산업화까지 이어지지는 않고 있다.

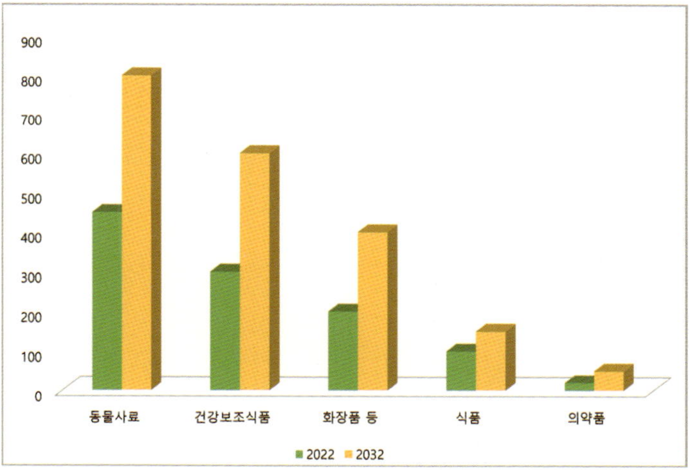

그림 26. 전 세계 아스타잔틴 시장 전망(단위: 100만 USD)

출처: GLOBAL MARKET INSIGHTS, 2022(https://www.gminsights.com/industry-analysis/astaxanthin-market)

헤마토코쿠스에 대해 국내에서 기존의 관련 특허 출원 및 등록된 기술은 주로 50l 미만 소형 반응기 위주의 기술로 대량화에 적합한 경제성과 효율성을 겸비한 기술과는 상당히 거리가 있다. 전문가들은 미세조류 추출물의 산업적 활용을 위한 배양 규모는 현재의 1,000배 이상, 생산성은 10배 수준으로 향상되어야 한다는 보고를 믿고 있다. 세계적 추세에 부응하고, 선진기술 확보로 국가 경쟁력을 키우기 위해서는 원료물질 확보와 연구개발 및 산업화에 대한 지속적인 관심과 투자가 필요하다.

선진국 비교, 국내의 헤마토코쿠스 생산 공정 기술은 미숙한 수준이나 기술 격차가 크지 않은 편이다. 기업들이 필요로 하는 건강기능식품, 영양제 등의 제품 생산에 필요한 미세조류 헤마토코쿠스 유래 천연 아스타잔틴은 전량 해외수입에 의존하고 있는 상태! 다방면에서의 정책적 지원으로 우리의 실정에 맞게 개발하면, 선진국과의 격차는 물론 해외 시장도 따라잡을 수 있으리라 생각된다.

- 해외 동향

세계에서 생물공정 선진국으로 알려진 미국/일본/독일.. 나라에서는 생산 수율의 증가를 위해 미세조류의 개량, 광 반응기의 개발 등을 진행하고 있다. 또한, 온실가스 등의 문제를 해결하기 위해 산업체에서 배출되는 가스 이용 → 유용물질 생산의 생물 공정을 연구하고 있으며, 선진국을 중심으로 특히 해양자원에 많은 관심 및 투자가 진행되고 있다. 이중 미세조류의 상업적 잠재력과 미생물에서 발견된 신물질 중 37% 이상을 차지하는 미세조류의 개발 가능성을 최대한 이용 → 고부가가치 유용 산물 관련 생산 기술이 개발되고 있다.

• 시장 현황

2016년 KEI 보고서에 따르면, 국내에서도 조류 바이오매스의 생산 및 연구개발 활성화, 산업화 촉진을 위해 다양한 분야의 전문가들이 활발히 움직이고 있다. 하지만, 국내에 존재하는 협소한 부지에서의 생산시설 부족/고가의 연료 생산비용.. 비효율적 요인으로 인해 발전이 지연되고 있다고 한다. 그런데도 국내외 시장에서의 항산화물질의 산업화엔 특히 다음의 포인트가 먼저 고려되어야 한다. 아스타잔틴을 예로 무엇보다도 원료물질의 안정성, 성장성, 독점성 등의 가능성이 확보되면 제품의 산업화는 가속도가 붙을 것으로 전망한다.

- 안정성

항산화물질에 대한 21C 소비자들의 관심은 계속 증가하고 있다. 특히, 그 중심에는 화학합성 물질보다 상대적으로 비교적 안전하다고 여겨지는 phytochemical 파이토케미컬, 즉 식물성 천연 화학물질에 집중되고 있다.

- 성장성

웰빙 100세 건강을 추구하는 오늘날, 고령화 시대를 준비하는 노화 방지기능의 천연물질들의 산업성이 그 어느 때보다도 밝은 편이다. 특히 아스타잔틴이 비타민C와 E, 베타카로틴 등 여타 항산화력의 다른 물질보다 독보적인 항산화 기능을 지녀 아스타잔틴 성분 활용 건강기능식품의 성장세는 꾸준히 지속될 전망!

- 독점성

전 세계 아스타잔틴 원료 생산 및 제품화 시장에서 선두에는 미국이 가장 큰 비중을 ~34.1% 차지하며 앞서가고 있다. 원료 생산면에서는 ~14.3% 중국과 ~13.4% 서유럽의 일부 국가들이 그다음을 잇고 있다. 조사된 수치에는 천연 및 합성된 형태를 모두 포함한다.

• 기업 동향

아래에서는 참고로 국내 및 해외기업에서의 연구 및 산업화 동향을 알아보고자 하였다. 현재 국내에서는 아스타잔틴의 연구 및 개발은 학계와 손잡은 기업들의 과제가 국책사업으로 선정되어 대부분 수행되고 있다. 천연 아스타잔틴 등의 공동개발 및 관련 연구는 지금까지 전량 수입에 의존해 오던 바이오 원료 분야에서의 수입을 대체하는 효과가 상당할 것으로 판단되고 있다.

- 국내 기업

㈜지디이/㈜아스타바이오/대상㈜.. 국내 일부 기업에서 아스타잔틴을 생산하고 있으나 그 양은 많지 않은 소량 규모의 생산이다. 성분 또한 건강기능식품이 아닌 저순도의 화장품과 같은 다른 기능성 제품이나 건강기능식품이 불가한 종에서 생산하고 있다.

- 해외 기업

미세조류로부터 생산되는 상용화 제품은 대부분 다른 미세조류 스피룰리나/클로렐라 건조 분말로 아시아와 미국을 중심으로 시장을 형성하고 있다. 헤마토코쿠스 유래, 아스타잔틴 추출 및 제품 생산은 본 조류의 배양 조건이 부합되는 소수의 외국기업에서만 생산되었다. 현재는 대표 기업/Cyanotech 미국, Alga Technologies 이스라엘, Beijing Ginkgo Group 중국, AstaReal 스웨덴, Fuji Chemicals 일본, 독일, 캐나다, 인도, 말레이시아 등 여러 나라에서 생산한다.

• 아스타잔틴 연구개발사업

아스타잔틴의 연구 및 개발은 국내 대학과 기업이 공동의 국책사업으로 진행하거나 미세조류 사업화 전문기업이 노력하고 있다. 이들 사업은 공동개발연구로 기존, 전량 수입에 의존해 오던 천연 아스타잔틴 등을 대량 생산하여 바이오 원료의 수입 대체효과가 클 것으로 기대되고 있다. 그러나 실효성에서는 아직 그 성

과가 나오고 있지 않거나 기대하였던 것에 못 미치는 실정이다. 이들 사업의 연구 내용을 간략히 살펴보면,

1. 경남제약+클라우드에어+고려대학교 협력 연구 : 공공 연구 성과 활용 촉진 R&D 사업

온실가스 저감형 미세조류 유래 천연 아스타잔틴 연구 → 지구 온난화 주범 온실가스를 줄임과 동시에 생체에 유용한 물질인 아스타잔틴으로 고속 전환하는 친환경 녹색기술

2. LED-농생명융합기술연구센터+전북대학교+㈜아스타바이오 공동연구

국내 종균을 활용하여 고품질의 아스타잔틴 대량 생산 가능한 'LED 컨테이너 시스템' 개발로 주목받은 바 있다.

3. 미세조류 연구기업/GDE '지디이' 연구 사업

㈜지디이는 2017년부터 국내 벤처투자 시장에서 투자유치를 진행하고 있는 소규모 신생기업 스타트업 회사이다. 국내에 아스타잔틴 대량생산 목적의 공장을 세우고 본격적인 생산을 위해 투자유치와 헤마토코쿠스 배양법을 연구해 왔다. 본 회사에 대해서는 세포 배양에서 성분 추출까지 전 과정을 처리할 수 있어 타 기업과의 경쟁이 가능해질 것이란 전망이 있다. 향후 건강기능식품과 화장품 관련 제품을 생산할 계획이라고 한다.

4. DERMAFIRM (주)더마펌 연구

국내의 피부 개선 화장품 제조 중소기업인 ㈜더마펌이 여러 해 연구 끝에 liposom 리포좀 기술에 의한 아스타잔틴 안정화로 화장품에 적용할 수 있는 길에 성공했다고 2020년 밝혔다. 아스타잔틴은 열, 빛, 산소에 불안정 → 장시간 노출 시 탈색 → 붉은색↓↓ → 항산화력 소실 → 제품에 적용하기 어렵다. 그러나 더마펌은 자체 보유 탄성리포좀 기술로 색이 변하지 않게 아스타잔틴을 안정화하여 화장품에 적용할 수 있게 되었다고 발표한 바 있다. 하지만, 아직은 관련 화장품이 시장에 출시되지 않은 것으로 미루어볼 때, 상품화에는 다소 시간이 걸릴 것으로 추정된다.

> ※ 참고: 대표적 아스타잔틴 영양제/2022년 상반기 아스타잔틴 제품 순위(출처: 마이허브)
> 1위: 아스타잔틴, AstaLif 퓨어 아이슬란드(California Gold Nutrition)
> 2위: 아스타잔틴(Lake Avenue Nutrition)
> 3위: 초임계 루테인 아스타잔틴(Nutricore)

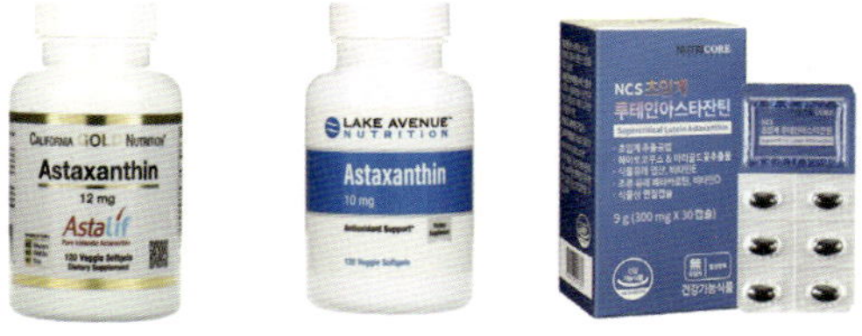

그림 27. 현재 시판되고 있는 국내 아스타잔틴 제품들

5. 이외

- 사료첨가제 : 한국생명과학연구소와 충북대학교 연구에서 합성 아스타잔틴은 가금류/어류.. 가축이나 동물사료에 첨가제로의 사용이 가능함을 밝혀냈다. 이들의 연구에서는 아스타잔틴 함유 균주를 급여한 오리에서 체중 증가를 비롯해 성장/육질 개선/지방산 조성.. 여러 항목에서 대조군과 비교해 유의적으로 나은 결과를 보였다. 결론적으로 아스타잔틴을 함유하는 사료첨가제는 동물에 영양상으로 유익한 효과를 가져옴을 시사한다.

- 천연방부제 : 경상대학교 농업생명과학연구원에서는 아스타잔틴이 육가공제품에 천연방부제로의 사용 가능성을 발표하였다. 육류제품에 사용되는 합성 항산화제를 대체할 천연물질을 찾고자 산업계의 관심이 높은데, 이를 충족할 수 있는 물질로 아스타잔틴을 지목하여 냉장저장 중 아스타잔틴 첨가는 유화형소시지 육류의 산화 안정성 및 품질 특성에 긍정적인 영향을 미친다고 밝혔다. 기존 사용 합성 항산화제의 대체는 물론 육제품 색상 증진제로서의 활용 가능성도 제시하였다.

• 국내 기업 동향

기업명	기업 개요	제품명
(주)지디이	• 헤마토코쿠스 소량 생산(약 5톤 미만) • 국내 최초 아스타잔틴 저순도 제품화 • 아스타잔틴 함유 제품 판매	• 아스떼올인원 비누 • 아토잔크림 • 아토잔젤
(주)아스타 바이오	• 국내 종균을 이용해 헤마토코쿠스의 대량 생산 사업화를 시도하였음. 현재는 새우를 이용하여 아스타잔틴을 추출해 사업화하는 것으로 보임 • 눈의 피로도 개선에 도움을 주는 아스타잔틴 함유 제품개발 • 관상어 사료 개발	• 아스타웰니스 아스타잔틴 • 아스타피드
대상(주)	• 군산에 아스타잔틴 생산공장 준공 아스타잔틴 소재: 효모 이용(식용불가) • 일본 최대 에너지·정유기업 JXTG NOE에 아스타잔틴 공급 예정(초기 계약금액 약 300억 원) 클로렐라 건강기능식품 개별인정 획득	• 클로렐라 100 분말 • 클로렐라 플래티넘
파이코일 바이오텍 코리아(주)	• 원료 소재 : 대량배양은 진행되지 않음 • 발효, 추출, 정제 전 생산과정에서 독자 기술 확보 • 미세조류 균주 이용한 오메가3, DHA 제품개발 • 루테인/아스타잔틴 함유 건기식, 화장품 등 개발 계획	• 파이코어 DHA 플러스 900 • 파이코어 DHA 츄어블

• 헤마토코쿠스 생산 기술의 국외 연구개발 현황

국가	기술 개발 현황	기술 수준 비교 (국내/해외)
미국	• 녹색 조류 *Haematococcus pluvialis*의 고농도 배양기술 • 광합성 조류 mutation 유도 기술 • Cyst form에서 astaxanthin 축적량 증대 기술 • 광합성 녹색 미세조류의 유전자 해석 및 cDNA 구축 기술	90/100 70/100 90/100 70/100
독일	• Carotenoid 물질 합성 관련 gene regulation 기술	30/100
일본	• *Haematococcus pluvialis* strain들의 vegetative form → aplanospore stage cyst form으로의 유도 기술 • Cell mass로부터 astaxanthin 추출기술 • *Haematococcus pluvialis*의 형질전환을 위한 protoplast 제조기술	90/100 80/100 10/100

• 아스타잔틴 관련 해외 주요 기업

해외의 주요 기업들이 아스타잔틴 관련해서 생산 및 판매하는 분야를 보면 다음과 같이 간략하게 비교할 수 있다.

기업명	국가	판매품
Cyanotech	미국	배양 및 올레오레진
Valensa International	미국	올레오레진, 캡슐
Alga Technologies	이스라엘	배양 및 올레오레진
Fuji Chemicals	일본	올레오레진, 미세조류, 캡슐

AstaReal	일본	배양, 올레오레진, 사료, 건강보조식품
Parry Nutraceuticals	인도	올레오레진, 미세조류
Beijing Gingko Group	중국	미세조류
Jingzhou Natural Astaxanthin	중국	미세조류
Algaetech International	말레이시아	건강보조식품

국내외 시장 규모

국내에서도 헤마토코쿠스에 대한 관심이 계속 증가하는 추세로 헤마토코쿠스 추출물을 이용한 건강 기능성 식품이 개발되고 있고, 2016년 대비 2020년에는 4.9배 증가한 것으로 나타났다. 이러한 아스타잔틴은 식이 보조식품으로 세분되어 있고, 현재 개인의 건강관리, 제약, 식품, 동물사료 등의 원료로 사용되고 있다. 특히 최근, 합성 화학물질이 없는 천연 원료에서 공급되는 유기농 skin care 피부관리 제품에 대한 소비자 선호도가 매우 높아지면서 피부 개선 효과를 지닌 아스타잔틴 함유 제품의 성장이 더 확대될 것으로 예상된다.

아스타잔틴은 일반적으로 Generally Recognized as Safe GRAS, 안전한 것으로 인식되며, UFDA 미국식품의약국에서는 일일 섭취량을 7.8㎎

→ 12mg 증가에 동의하였다. 2016년 기준 연 200톤이 소비됐으며, 현재 미국에서 아스타잔틴 시장은 2,200억 원 정도 규모로 형성되어 있다. 10% 아스타잔틴 함유된 올레 레진은 1kg에 약 250만 원에 수입되고 있다. ※ 참고: 스피룰리나와/클로렐라 판매단가는 킬로그램당 몇십 달러 수준

아스타잔틴은 2020년에 식이 보조 식품류에 널리 사용되었으며, 식이 보조 식품의 세계 시장 규모는 무려 1,000억 달러 이상에 이른다. 미국의 Market Research Report Store 시장조사기관이 과거 조사한 바에선 세계 아스타잔틴 시장은 2010년대 중반의 초기 아스타잔틴의 시장은 연평균 8% 높은 성장을 보였고, 2017년 약 6,217억원 5억 5,360만 달러 → 2020년 약 9,142억원 8억1,410만 달러로 예측되었다. 또 다른 전망에서는 미국과 일본의 시장이 더 커지면서 2020년 1조 원 시장으로 커질 것으로 보는 분석가들도 있었다.

그 이후 2021~2027년에는 CAGR 연평균 성장률 5.5%↑로 자랄 것이라 분석된 바 있다. Market Insight Reports 보고서에 따르면, 화장품이나 식품과 사료 제품의 양분 함량 증가의 필요성이 대두됨에 따라 아스타잔틴 업계의 수요 증대가 예견되었다. 또 다른 Grand View Research 조사에서도 차이는 있으나 증가한다고 보고하였는데, 이들은 아스타잔틴의 세계 시장 규모가 2028년까지 47억 5천만 달러로 확대되고, 연평균 복합성장률은 16.8%가 될 것으로 전망하였

다. 특히, 시장 성장의 촉진 요인으로 소비자들의 식이 보조제 선택 증가, 건강한 삶에 대한 인식변화, 제조 역량↑ 위한 정부 차원의 이니셔티브 주도 등을 꼽았다.

전망과 비전

• 아스타잔틴의 국내 전망

아스타잔틴 하면 제일 먼저 떠오르는 것은 최고의 항산화 능력으로 눈이나 피부 건강을 개선한다는 것! 눈 건강기능식품 소재로서 아스타잔틴 수요가 높아지고 있지만, 국내에서는 대부분을 외국에 의존해 미국, 스웨덴 등 여러 나라에서 수입되고 있다. 최근, 유한양행 계열사의 유한건강생활과 순천향대학교 산학협력단이 수입 의존도가 높은 건강기능식품 원료 아스타잔틴의 국산화를 위해 공동연구에 돌입했다. 현재, 아스타잔틴은 항산화 소재로 눈의 피로도 개선에 도움을 줄 수 있는 건강기능식품 원료로 활용되고 있다. 건강기능식품업계에 따르면 유한건강생활과 순천향대학교 산학협력단이 최근 아스타잔틴의 대량 생산을 위한 공정 표준화 기술 개발을 시작한 것으로 확인됐다.

위 연구그룹의 목표는 천연의 아스타잔틴을 국산화하는 것에 있다. 연구에서는 순천향대학교가 보유하고 있는 헤마토코쿠스 원종을 이용해 1,000톤 규모의 개방형 대량배양 공정기술을, 유한건강생활에서는 대량추출 공정기술을 개발하는 것이다. KIMST 해양수산과학기술진흥원에 따르면 헤마토코쿠스의 상용화를 위해선 대량배양 기술 및 시설이 필요한데, 국내에서는 급격한 계절 변화 등의 요인에 의해 헤마토코쿠스 배양을 상용화 단계로 성장시키지 못하고 있다는 것이다. 통제된 실험실 수준에서는 수온 변화에 따라 아스타잔틴의 생성, 지연, 변화 등이 가능하나, 산업화 수준의 대량 공정기술이 아직 확보되지 않고 있다.

아스타잔틴은 건강기능식품 소재로 활용되는 것 외에도 화장품, 동물사료 등 다방면에 유용하게 쓰일 수 있다. 아스타잔틴의 국산화에 성공한다면 수입되는 원료 대비 저렴한 가격으로 국내 시장에의 공급이 가능해 관련 산업 활성화에 도움이 될 것으로 기대되고 있다.

• 지식 재산권 현황

특허 정보원을 통해 검색식(헤마토코쿠스*Haematococcus* 아스타잔틴*Astaxanthin) 분석 결과 → 87건 조사되었고, 이들 중 헤마토코쿠스 배양기술 관련은 29개 검색되었다. 검색된 특허 중에는 관련성 있는 제목으로 분석 결과 → 배양, 아스타잔틴 축적, 추출기법 및 응용 제품화로 분류할 수 있다. 특히 배양 주제 관련해서는 연구단계에서 소량 사용으로 효능을 보인 것으로 대량배양 상용화에 대한 지적 재산권은 거의 없는 것으로 나타나 있다.

지식 재산권 현황

구분	내용	기관
배양방법	계면활성제를 이용한 헤마토코쿠스 플루비알리스의 순수 배양을 위한 오염 제어기술 개발	고려대학교 산학협력단
	아스타잔틴 생산을 위한 헤마토코쿠스 플루비알리스 퍼퓨전 배양 방법	고려대학교 산학협력단
	배기가스 내 이산화탄소를 이용하여 제조된 중탄산 버퍼 및 무기 인산염 버퍼를 활용한 광합성 미생물의 배양 방법	고려대학교 산학협력단
	pH 조절을 이용한 헤마토코쿠스 플루비알리스 배양 방법	고려대학교 산학협력단
	미세조류 배양시스템을 이용한 아스타잔틴 생산 방법	한국지역난방공사, 고려대학교 산학협력단
	용암 해수를 포함하는 미세조류 배양용 배지 및 이를 이용한 미세조류의 배양 방법	한국해양과학기술원
	루모스탯(Lumostat) 변수를 이용한 광합성 미생물의 규모 확대 배양 방법	인하대학교 산학협력단
	광촉매를 구비한 광 생물반응기 및 이를 이용한 미세조류 배양 방법	인하대학교 산학협력단
	pH 조절과 생산성 향상을 위한 에너지 절감형 이산화탄소 공급시스템을 이용한 미세조류 배양시스템	한국생명공학연구원

아스타잔틴 축적	헤마토코쿠스 플루비알리스의 세포 발아 유도를 통한 아스타잔틴의 제조 방법	고려대학교 산학협력단
	아스타잔틴 생산용 미세유체 장치 및 이를 이용한 아스타잔틴 생산 방법	고려대학교 산학협력단
	바이오 광물화를 이용한 헤마토코쿠스 플루비알리스 생산 방법	고려대학교 산학협력단
	헤마토코쿠스의 적색 세포로부터 편모를 생성시키는 단계를 포함하는 배양 생산 방법	전북대학교, 고려대학교 산학협력단
	pH 쇼크에 의한 헤마토코쿠스 속 미세조류의 편모 제거를 통한 아스타잔틴 제조 방법	고려대학교 산학협력단
	고온에서 성숙 포자 접종 및 철 이온 매개 하버-바이스 반응에 의한 해마토코쿠스 플루비알리스 내 아스타잔틴 생산량 증진 방법	고려대학교 산학협력단
	건조 배양 방법을 통한 헤마토코쿠스 플루비알리스의 아스타잔틴의 생산 증대 방법	재단법인 전주농생명 소재연구원
	이산화염소를 이용한 미세조류 내 아스타잔틴 함량 증대 방법	고려대학교 산학협력단
	LED 조사를 이용한 아스타잔틴 함량이 증가된 미세조류의 제조 방법 및 상기 제조 방법에 의해 제조된 아스타잔틴 함량이 증가된 미세조류	(주)엔비엠
추출 응용 제품화	세포 재분화를 이용하여 미세조류로부터 아스타잔틴을 효율적으로 추출하는 방법	한국에너지 기술연구원
	헤마토코쿠스 플루비알리스의 생물학적 전처리 및 화학적 추출을 포함하는 아스타잔틴의 제조 방법	고려대학교 산학협력단
	계면활성제를 이용한 녹조류에서의 아스타잔틴 추출 방법	주식회사 휴온스
	아스타잔틴 생산용 미세 유체 장치 및 이를 이용한 아스타잔틴 생산 방법	고려대학교 산학협력단

	헤마토코커스 플루비알리스로부터 아스타잔틴과 지질의 동시 생산 방법	한국에너지 기술연구원
	미세조류로부터 유용물질의 효율적인 추출 방법	한국에너지 기술연구원
	전기 자극을 이용한 미세조류의 생장 방법 및 아스타잔틴 생산 방법	주식회사 아스타바이오
	광 민감성 증가로 인한 아스타잔틴 생산력이 향상된 고 광 유발 헤마토코쿠스 돌연변이체 및 이의 선별 방법	고려대학교 산학협력단
	대두 추출물 및 헤마토코쿠스 추출물을 포함하는 피부 주름 예방 또는 개선용 조성물	주식회사 풀무원
	미생물 분쇄 방법 및 이로부터 색소의 추출 방법	충남대학교 산학협력단
	녹조류에서 아스타잔틴 색소 추출 방법 및 추출된 색소	해태제과식품 주식회사

끝 맺음말 Epilogue

최근, 생활 수준 향상 및 건강에 대한 인식변화로 천연물질을 이용한 성분이나 제품들이 지대한 관심을 받고 있다. 여기에 바이러스와의 싸움을 벌이는 요즘은 면역력 향상까지 포함한 성분을 찾고 있다. 이는 전 세계적인 흐름으로 이런 관심을 한 몸에 받는 천연물질을 찾고자 연구자들은 부단히 노력하고 있고, 큰 노력 끝에 우리 앞에 나타난 것이 바로 항산화 기능이 뛰어난 카로티노이드 계열의 xanthophyll 잔토필 성분인 astaxanthin 아스타잔틴! 미세조류 헤마토코쿠스에서 추출되는 천연의 아스타잔틴은 활성산소에 대응하는 항산화력이 다른 항산화 물질들과 비교해 수십~수천배 월등히 높은 슈퍼 항산화제이다.

아스타잔틴은 다른 항산화물질에 비해 독특한 분자 구조로 고유의 특성을 갖는다. 항산화 기능에서 산화 촉진제로 작용하지 않아 빠른 자유기 무력화 → 산화방지제 효과⇈, 세포 안팎의 친수성과 지용성 부분에 걸쳐 세포막을 가로지르며 위치하여 세포를 손상으로부터 보호해준다. 이처럼 아스타잔틴은 활성산소 제거, 과산화 지질생성억제 등 다양한 기능을 수행하며 번잡한 이 시대를 살아가는 우리 몸에 큰 이로움을 줄 수 있다.

일상에서는 스트레스/음주/흡연/운동 부족/과식.. 여러 이유로 활성산소가 필요 이상으로 만들어진 후 인체를 공격하여 만성피로, 노화, 알레르기 등을 유발하곤 한다. 현대인들을 위협하는 이러한 요소들 가운데 아스타잔틴은 인체를 지켜줄 하나의 보호막이 되고 있다. 특히, 눈과 뇌, 그리고 피부 건강에 전반적으로 눈에 띄는 개선 효과가 있는 강력한 항산화 성분으로 밝혀져 여러 방면에서 우리 삶에 좋은 영향을 주는 유익한 물질로 여겨진다.

vs.

그림 28. 연어 vs. 아스타잔틴(4mg)

몸에 필요한 카로티노이드는 대부분 먹거리를 통해 섭취할 수 있지만, 아스타잔틴의 경우 새우/연어/도미/바닷가재.. 해산물로 먹는 양으로는 치료 가능한 ~30여 가지 효과를 얻기에 부족하다. 가장 많은 양이 함유된 연어 한 마리의 $\frac{3}{4}$ 정도를 먹어야 아스타잔틴 영양제 4mg 1개 먹었을 때와 같은 양을 섭취한다는 계산이 나온다. 대안으로 보조제로 먹는 방법이 안전하면서 건강한 삶을 유지하는 방법이라고 생각한다.

미래 사회에서 세계 최대 부상 산업 1, 2위를 동시에 차지하는 미세조류 산업, 그중 헤마토코쿠스에서 추출되는 아스타잔틴은 어떠한 의미가 있을까? 미래예측 전문가들은 아스타잔틴이 세계에 널리 보급되면 전문 의료가 사라질 수도 있다고까지 이야기한다. 과장된 표현일지라도 그만큼 이들의 기능이 우수하다고 한 맥락으로 보인다. 아스타잔틴의 강력한 항산화 기능에 근거하여 인체에 미치는 효능은 세포 건강/보호에서 염증 완화/억제나 암세포 사멸에 이르기까지 다양해 여러 면에서 활용될 수 있다. 이들의 효능은 우리 삶을 건강하게 유지할 수 있도록 신체에 긍정적인 영향을 끼친다.

국내·외에서 주목을 받는 아스타잔틴 관련해서는 현재 끊임없는 연구와 개발이 진행되고 있어, 지속적인 관심과 투자로 이어지면 미래사회에서 크게 떠오를 것이다. 그사이에 우리는 이들에 대한 지식을 넓혀가며, 인체 항상성 유지 및 건강에 활력을 주는 유용한 천연의 성분을 잘 활용하는 길을 찾는 것이 어떠할는지…?

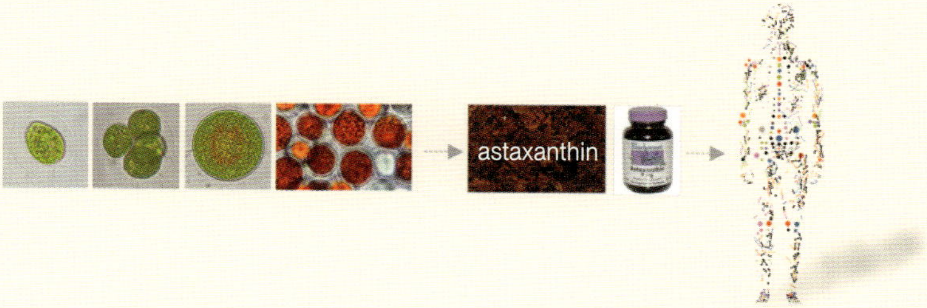

참고문헌 Reference

• 문헌 자료

1. 인체와 건강

강민수. 2020. 디지털-피지컬 구조를 이용한 신체 항상성 유지공간 연구. 한국다중매체학회지 23:574-580.

강윤정. 2012. 남성의 건강 행위와 활성산소 수준과의 연관성. 아주대학교 석사학위논문

고기환. 2014. 죽음을 부르는 활성산소. 고요아침

고영규 외 옮김. 디 실버농 지음. 2017. 인체생리학. 라이프사이언스

곽호경 외 지음. 2022. 인체생리학. KNOU Press

김영곤. 2004. 항산화제 Antioxidant. 여문각

김인선. 2014. 식물과 웰빙. 계명대학교 출판부

김인선. 2016. 자연과 치유. 계명대학교 출판부

김인선. 2020. 미래를 여는 21세기 생물자원. 계명대학교 출판부

김인선, 신현웅. 2021. 21세기형 생물테마여행. 계명대학교 출판부

김학래. 2021. 인체해부학. 의학서원

라이프사이언스 편집팀 역. 위드나이어 저. 2021. Vander's 인체생리학. 라이프사이언스

박인국 옮김. 스튜어트 폭스 지음. 2021. 인체생리학. 라이프사이언스

이경호 외 옮김, 조지 플로퍼 지음. 세포생물학 2판. 2023. 범문에듀케이션

이규배. 2021. 식물형태학 4판. 라이프사이언스

이동환. 2022. 피로세포. 샘앤파커스

정종우 외 공역. 2019. 핵심 필수생물학. 범문에듀케이션

탁상숙. 2015. 파이토케미칼을 먹어라. 다봄

황소연 옮김. 다나카 에츠로 지음. 2019. 내 몸 안의 지식여행 인체생리학. 전나무 숲

2. Astaxanthin 아스타잔틴

박영숙. 2013. 하늘이 내린 약 '아스타잔틴'. KDI 경제정보센터 나라 경제 칼럼. 6월호.

Bauer A and Minceva M. 2021. Techno-economic analysis of a new downstream process for the production of astaxanthin from the microalgae *Haematococcus pluvialis*. Bioresour. Bioprocess. 8:111 https://doi.org/10.1186/s40643-021-00463-6

Hu I. C. 2019. Production of potential coproducts from microalgae. In Biofuels from algae. pp. 345-358. Elsevier

Kidd P. 2011. Astaxanthin, cell membrane nutrient with diverse clinical benefits and anti-aging potential. Altern. Med. Rev. 16:355-364.

Lyle M. 2018. Nutritional Supplements. NutriSearch Corporation

Nishida Y, Nawaz A, Hecht K and Tobe K. 2022. Astaxanthin as a novel mitochondrial regulator: a new aspect of carotenoids, beyond antioxidants. 2022. Nutrients 14:107 https://doi.org/10.3390/nu14010107

Ota S, Morita A, Ohnuki S, Hirata A, Sekida S, Okuda K, Ohya Y and Kawano S. 2018. Carotenoid dynamics and lipid droplet containing astaxanthin in response to light in the green alga *Haematococcus pluvialis*. Sci. Rep. 8: 5617 https://doi:10.1038/s41598-018-23854-w

Satpati GG and Pal R. 2018. Microalgae-biomass to biodiesel: a review. J. Algal Biomass Util. 9:11-37.

3. 헤마토코쿠스 플루비알리스 *Haematococcus pluvialis*

김덕근, 한상환, 이준표, 박순철, 이진석. 2013. 중국 및 국내 배양 헤마토코쿠스로부터 아스타잔틴 추출 특성 비교. 한국신재생에너지학회 추계 학술대회논문 32

김소영, 조은아, 유지민, 인민진, 채희정. 2008. 초음파처리를 이용한 헤마토코쿠스로부터의 아스타잔틴의 추출 및 분석. 한국식품영양과학회지 37:1363-1368.

김종덕, 윤양로, 오석진. 2012. 미세조류의 경이로운 세계와 산업적 이용. 전남대학교 출판부

장선형. 2019. Effect of pH control on the production of astaxanthin in *Haematococcus lacustris*. 고려대학교 석사학위논문

한상환, 김덕근, 이준표, 박순철, 오유관. 2014. 헤마토코쿠스로부터 아스

타잔틴 추출 및 검화. 한국신재생에너지학회지. 춘계학술대회논문 72

허성범. 2006. 유용 미세조류의 배양과 응용. 라이프사이언스

4. 아스타잔틴 효능과 응용

김유경. 2004. Carotenoid 함유 식품의 섭취와 흡연 및 astaxanthin 보충이 지질 과산화와 항산화 능에 미치는 영향. 인하대학교 박사학위논문

박진우. 2021. 아스타잔틴의 항산화 작용을 통한 생쥐의 아토피 피부염 항염 효과, 가천대 대학원 한의학과 침구학전공, 석사논문

송봉준. 2018. 내 몸을 살리는 안티 에이징. 모아북스

오미향. 2016. 가금에서 astaxanthin의 생체 이용성, 항산화 효과 및 모계 면역 효과에 대한 연구. 고려대학교 박사학위논문

오한선. 2017. 생명과학 I. 미래엔

위정훈 역. 히비노 사와코 저. 2019. 마흔에 시작하는 눈이 좋아지는 습관. 이덴슬리벨

이경원. 2020. 내 몸 내가 고쳐 쓴다 2. 책과이음

하병근. 2012. 비타민C 항노화의 비밀. 페가수스

한국영양학회. 2014. 내 몸을 살리는 식물영양소. 들녘

Ambati RR, Phang SM, Ravi S and Aswathanarayana RG. 2014. Astaxanthin: sources, extraction, stability, biological activities and its commercial applications - A review. Mar. Drugs 12:128-152.

Bansal J. 2021. Eye care best practices for after the age of 40. Laser Vue Eye Center. https://www.laservue.com/eyehealth/how-to-take-care-of-your-eyes-after-40/

Bauer A and Minceva M. 2021. Techno-economic analysis of a new downstream process for the production of astaxanthin from the microalgae *Haematococcus pluvialis*. Bioresour. Biopro. 8:111 https://doi.org/10.1186/s40643-021-00463-6

Bernstein PS, Li B, Vachali PP, Corusupudi A, Shyam R, Henriksen BS and Nolan JM. 2017. Lutein, zeaxanthin, and meso-zeaxanthin: The basic and clinical science underlying carotenoid-based nutritional interventions against ocular disease. Prog. Retin. Eye Res. 50:34-66.

Chung BY, Park SH, Yun SY, Yu DS and Lee YB. 2022. Astaxanthin protects ultraviolet B-induced oxidative stress and apoptosis in human keratinocytes via intrinsic apoptotic pathway. Ann. Dermat. 34:125-131.

GRAND VIEW RESEARCH. 2017. Astaxanthin market size worth $2.57 billion by 2025 | CAGR: 18.9%: Grand View Research'.

GRAND VIEW RESEARCH. 2019. Astaxanthin market size, share & trends analysis report by product (oil, softgel, liquid), by source (natural, synthetic), by application (aquaculture & animal feed, nutraceuticals), by region, and segment forecasts, 2021-2028.

Guerin M, Huntley ME and Olaizola M. 2003. *Haematococcus* astaxanthin: applications for human health and nutrition. Trend. Biotech. 21:210-216.

Junghans A, Sies H and Stahl W. 2001. Macular pigments lutein and zeaxanthin as blue light filters studied in liposomes. Arch. Biochem. Biophys. 391:160-164.

Koushan K, Rusovici R, Li W, Ferguson LR and Chalam KV. 2013. The role of lutein in eye-related disease. Nutirents 5:1823-1839.

Nishida Y, Nawaz A, Hecht K and Tobe K. 2022. Astaxanthin as a novel mitochondrial regulator: a new aspect of carotenoids, beyond antioxidants. Nutrients 14:107 https://doi.org/10.3390/nu14010107

Ota S, Morita A, Ohnuki S, Hirata A, Sekida S, Okuda K, Ohya Y and Kawano S. 2018. Carotenoid dynamics and lipid droplet containing astaxanthin in response to light in the green alga *Haematococcus pluvialis*. Sci. Rep. 8:5617 https://doi:10.1038/s41598-018-23854-w

Shah MMR, Liang Y, Cheng JJ and Daroch M. 2016. Astaxanthin-producing green microalga *Haematococcus pluvialis* : from single cell to high value commercial products. Front. Plant Sci. 7:531 https://doi.org/10.3389/fpls.2016.00531

Wyama M, Ota S, Matsuura H, Nango N and Hirata A. 2013. Three-dimensional ultrastructural study of oil and astaxanthin accumulation during encystment in the green alga *Haematococcus pluvialis*. PLOS ONE 8:1-9 e53618

5. 연구개발 및 관련 산업 현황

김경수, 이민경, 이우진, 최양일, 조성구. 2011. 아스타잔틴 생성 균주

(*Xanthophyllomyces dendrohous*)의 급여가 오리의 성장과 육질에 미치는 영향. 한국축산학회지 53:139- 146.

김송이, 전성진, 김호섭, 감다혜, 김진우. 2019. *Haematococcus pluvialis* 로부터 아스타잔틴 추출을 위한 추출공정 조건 최적화. KSBB Journal 34:346-351.

박지훈, 권기량. 2013. 항산화물질의 임상 적용. 한양메디컬리뷰 33:130-136.

변상요, 이정현, 김동명. 2011. *Haematococcus pluvialis* 유래 아스타잔틴의 리포좀 캡슐화가 코스메슈티컬 소재로서의 안정성에 미치는 영향. 한국생물공학회 26:381-385.

서진규, 박준영, 김범학, 이현준, 강성균, 양한술. 2019. 아스타잔틴 첨가가 유화형소시지의 저장 중 산화 안정성 및 품질 특성에 미치는 영향. 농업생명과학연구 53:41-49.

손문기 외. 2016. 식품의약안전처. 건강기능식품 기능성 원료 인정 현황. 발간등록번호 11-1471000-000047-1411-1471000-000047-14 https://www.khsa.or.kr/assets/extra/hfood/01.pdf

안기환. 2004. 국민건강증진을 위한 astaxanthin 함유 기능성 식품소재 개발. 충남대학교. 석사학위논문

이철균. 2003. 미세조류 유래의 고부가가치 astaxanthin의 생산공정 개발 및 실용화. 인하대학교 석사학위논문.

최수림, 서인수, 이철균. 2002. Bubble-column photobioreactor에서의 astaxanthin 유도 배양의 연구. 한국생물공학회지 4:220-223.

최종일, 이주운, 김재훈, 송범석. 2010. 아스타잔틴을 고함량으로 생산하는 *Paracocus* 균주 개발 및 배지 최적화에 관한 기술 보고서 (KAREI/TR-4121/2010). 한국원자력연구원

• 인터넷 자료

1. 인체와 건강

• 항상성 유지

- 항상성

https://terms.naver.com/entry.naver?docId=5733623&cid=60266&categoryId=60266

https://terms.naver.com/entry.naver?docId=1173029&cid=40942&categoryId=32334

https://terms.naver.com/entry.naver?docId=5781923&cid=62861&categoryId=62861

- 중추신경계

https://terms.naver.com/entry.naver?docId=421226&cid=60261&categoryId=60261

https://terms.naver.com/entry.naver?docId=1599067&cid=50317&categoryId=50317

https://search.naver.com/search.naver?sm=tab_hty.top&where=nexearch&query=%EA%B0%84%EB%87%8C&oquery=%EC%9E%90%EC%9C%A8%EC%8B%A0%EA%B2%BD%EA%B3%84&tqi=h0Bn3wprvmZssfp52WKssssst5N-016627

https://search.naver.com/search.naver?sm=tab_hty.top&where=nexearch&query=%EC%8B%9C%EC%83%81%ED%95%98%EB%B6%80&oquery=%EA%B0%84%EB%87%8C&tqi=h0CcMlp0Yihss

cqAnKhssssstp0-316041

• 활성산소와 노화

- 활성산소

https://bktimes.net/detail.php?number=20138&thread=23r01

https://namu.wiki/w/%ED%99%9C%EC%84%B1%20%EC%82%B0%EC%86%8C

https://www.g-health.kr/mobile/bbs/selectBoardArticle.do?bbsId=U00186&nttId=282182

http://hqcenter.snu.ac.kr/archives/jiphyunjeon/%ED%99%9C%EC%84%B1%EC%82%B0%EC%86%8C%EC%9D%98-%EC%83%9D%EB%A6%AC%EC%A0%81-%EA%B8%B0%EB%8A%A5

- 활성산소의 제거 방법

https://health.chosun.com/svc/news_view.html?contid=2018042302029

- 활성산소종

https://terms.naver.com/entry.naver?docId=5751176&cid=61233&categoryId=61233

https://terms.naver.com/entry.naver?docId=2691034&cid=60261&categoryId=60261

• 항산화제

- 카로틴

https://terms.naver.com/entry.naver?docId=5144883&cid=61232&categoryId=61232

- 항산화제

https://ko.wikipedia.org/wiki/%ED%95%AD%EC%82%B0%ED%99%94%EB%AC%BC%EC%A7%88

- 식이섬유

https://namu.wiki/w/%EC%84%AC%EC%9C%A0%EC%A7%88

- 자유라디칼

https://terms.naver.com/entry.naver?.docId=5751103&cid=61233&categoryId=61233

- 섭취 가능한 항산화제

https://m.blog.naver.com/PostView.naver?isHttpsRedirect=true&blogId=dokdofund&logNo=220944992361

- 항산화제, 알파리포산

https://scienceon.kisti.re.kr/srch/selectPORSrchReport.do?cn=KAR2005018301

2. Astaxanthin 아스타잔틴

• 아스타잔틴

- 아스타잔틴이란?

https://gradium.co.kr/astaxanthin-benefits/

https://namu.wiki/w/%EC%95%84%EC%8A%A4%ED%83%80%EC%9E%94%ED%8B%B4

https://terms.naver.com/entry.naver?docId=1121248&cid=40942&categoryId=32315

https://healthy-routine.tistory.com/4

https://blog.naver.com/sea_urchin/222563975320

https://blog.naver.com/PostView.naver?isHttpsRedirect=true&blogId=vita7530&logNo=221249286162

- 아스타잔틴의 정의 및 효능

https://blog.naver.com/vita7530/221249286162

- 아스타잔틴에 관한 연구

https://blog.naver.com/ecotogether/221136867684

- 아스타잔틴 생산시스템의 개발

http://www.newsway.co.kr/news/view?ud=2018070519505778932

• 아스타잔틴 history

- 아스타잔틴의 역사

https://korean.mercola.com/

https://en.wikipedia.org/wiki/Richard_Kuhn

https://terms.naver.com/entry.naver?docId=1966084&cid=60285&categoryId=60288

https://norwayomega.com/blog/discovery-of-astaxanthin-from-red-krill-oil/

https://cardaxpharma.com/astaxanthin/history-background/

https://cardaxpharma.com/astaxanthin/history-background/#:~:text=In%201938%2C%20Richard%20Kuhn%20identified%20and%20isolated%20astaxanthin,to%20be%20examined%20by%20the%20broader%20research%20community

• 아스타잔틴의 화학 구조

https://blog.naver.com/PostView.naver?isHttpsRedirect=true&blogId=bluefish_dm&logNo=221220461120

- 아스타잔틴의 세포 위치 및 역할

https://blog.naver.com/PostView.naver?isHttpsRedirect=true&blogId=bluefish_dm&logNo=221220461120

- 아스타잔틴과 비타민C

https://draxe.com/nutrition/astaxanthin-benefits/

3. 헤마토코쿠스 플루비알리스 *Haematococcus pluvialis*

• 헤마토코쿠스

https://terms.naver.com/entry.naver?docId=5764010&cid=43667&categoryId=43667

https://korean.mercola.com/sites/articles/archive/2016/09/08/%ED%95%AD%EC%82%B0%ED%99%94-%EC%95%84%EC%8A%A4%ED%83%80%EC%9E%94%ED%8B%B4.aspx

- 헤마토코쿠스 주요 성분

https://ghentm.com/841

- 헤마토코쿠스 효능

https://stylekorea.tistory.com/410

https://iammumu.tistory.com/entry/%ED%97%A4%EB%A7%88%ED%86%A0%EC%BD%94%EC%BF%A0%EC%8A%A4-%ED%9A%A8%EB%8A%A5-%EC%9D%B4%EB%9F%B0-%EB%B6%84%EC%9D%80-%EC%84%AD%EC%B7%A8%ED%95%98%EB%A9%B4-%EC%95%88%EB%90%A9%EB%8B%88%EB%8B%A4

• 미세조류

https://terms.naver.com/entry.naver?docId=5684612&cid=64516&categoryId=64516

- A Technical Review of Haematococcus Algae
https://www.cyanotech.com/pdfs/bioastin/axbul60.pdf

4. 아스타잔틴 효능과 응용

• 아스타잔틴
- 아스타잔틴의 효능
https://mdtoday.co.kr/news/view/1065604773872964
https://gradium.co.kr/astaxanthin-benefits/
https://newsvn.tistory.com/525
https://beyondtop01.tistory.com/33
https://myherb.app/astaxanthin
https://blog.daum.net/tycomc/782
https://blog.naver.com/tidy6522/222702401398
https://blog.naver.com/myir0nlung/221775690657
https://baroblog.tistory.com/564
https://blog.naver.com/ppury99/222215342376
https://blog.naver.com/biathlon555/222660209543
https://beyondf01.tistory.com/53
https://blog.naver.com/iroa2019/221714181930
http://blockchainai.kr/client/news/newsView.asp?nIdx=32202
https://blog.naver.com/myir0nlung/221775690657

-아스타잔틴 함량
https://m.blog.naver.com/PostView.naver?isHttpsRedirect=true&blogId=joyks71&logNo=221942637895

- 아스타잔틴의 슈퍼 항산화 작용

http://www.nextdaily.co.kr/news/articleView.html?idxno=52824

http://ncbi.nlm.nih.gov/pmc/articles/pmc501237

- 아스타잔틴의 항산화력

https://www.cell.com/trends/biotechnology/home

- 아스타잔틴의 피부 손상 예방 가능성

http://www.monews.co.kr/news/articleView.html?idxno=312692

- 헤마토코쿠스 효능과 추천, 부작용

https://baroblog.tistory.com/564

https://beyondtop01.tistory.com/34

https://m.blog.naver.com/myir0nlung/221775690657

https://beyondtop01.tistory.com/34

5. 연구개발 및 관련 산업 현황

• 전망과 비전

- 아스타잔틴 현황

https://eiec.kdi.re.kr/publish/naraView.do?cidx=8839

https://healthcaren.com/news/news_article_yong.jsp?mn_idx=266589

https://www.thekbs.co.kr/news/articleView.html?idxno=3004

https://www.yakup.com/news/index.html?mode=view&nid=242262

- 아스타잔틴 사업

https://mdtoday.co.kr/news/view/179581133314590(더마펌)

https://bggworld.com/astaxanthin-astazinetm/(BGG)

https://www.news1.kr/articles/?2949238(GDE)

http://www.sisaon.co.kr/news/articleView.html?idxno=58059 (대상그룹)

- 아스타잔틴 대량생산시스템 개발

https://www.etnews.com/20180705000136(전북대)

- 아스타잔틴 예시 화장품

https://www.thebk.co.kr/news/articleView.html?idxno=131457

- 천연 아스타잔틴을 이용한 국책사업

https://www.thedailypost.kr/news/articleView.html?idxno=83071

- 아스타잔틴 시장 및 전망

https://express-press-release.net/news/2022/06/14/1182718

https://www.yakup.com/news/index.html?mode=view&cat=15&nid=242262

https://giikorea.co.kr/report/smrc1015238-astaxanthin-global-market-outlook.html

https://www.ceoscoredaily.com/page/view/20220610113010935504

https://www.yakup.com/news/index.html?mode=view&nid=242262

https://magazine.hankyung.com/business/article/201706089704b

- 미래 비전

http://www.thebell.co.kr/free/content/ArticleView.asp?key=201704200100038910002367

- 아스타잔틴 글로벌 마켓

https://korean.mercola.com/sites/articles/archive/2016/09/08/%ED%95%AD%EC%82%B0%ED%99%94-%EC%95%84%EC%8A%A4%ED%83%80%EC%9E%94%ED%8B%B4.aspx

- 국산화

https://www.sedaily.com/NewsView/10H4AUD1R7

http://plus.hankyung.com/apps/newsinside.view?aid=2017060811491&category=health&sns=y

- 아스타잔틴 대량 생산 가능한 시스템 개발

http://www.mdtoday.co.kr/mdtoday/index.html?no=332757

http://www.nextdaily.co.kr/news/articleView.html?idxno=52824

감사의 글

본 도서는 해양수산부, 해양수산과학기술진흥원의 해양바이오 산업소재 국산화 기술개발[과제번호 20220379]과 아스타잔틴 대량생산 시스템 및 고도화 공정개발[과제번호 20220305], 순천향대학교의 일부 지원을 받아 수행하였다.

헤마토코쿠스 플루비알리스 배양 관련 출처: 앨지바이오(주)

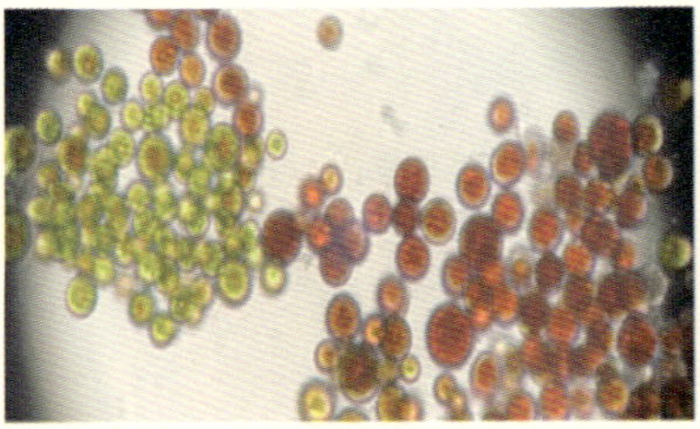

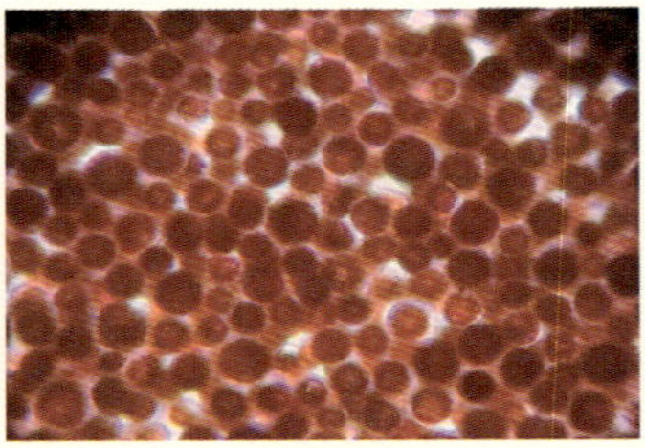

헤마토코쿠스 프루비알리스 현미경 관찰상(좌: Stage Ⅱ & Ⅲ, 우: Stage Ⅳ)

Intermediate sized culture(좌: 20L culture, 우: harvested *Haematococcus pluvialis*)

900L mass culture(좌: green stage, 중앙/우: red stage)

100ton Ultra mass culture(좌: green & red stage, 우: all red stage)